AF289921

Karl Gaiser

Klimawandel oder einfach nur Klimahysterie?

**Segen oder Fluch für die Menschheit,
oder nur ein Phänomen unserer Gegenwart?**

Führt ein Klimawandel wirklich unweigerlich zur Katastrophe
oder kann dieser auch die Weiterentwicklung fördern?
Was ist eigentlich dran an den apokalyptischen Prophezeiungen
vermeintlicher Experten und angeblichen Wissenschaftlern?

Inhaltsverzeichnis

Mensch und Klimawandel

Unter dem Begriff Klimawandel verstehen wir in heutiger Zeit die globale Erwärmung, wie sie seit über 100 Jahren beobachtet werden kann. Die Durchschnittstemperatur der erdnahen Atmosphäre, sowie der Meere ist in den letzten 150 Jahren weltweit um 0,7°C gestiegen (2014). Forscher rechnen mit einem weiteren Anstieg dieser Temperaturen, und glauben, dass dies verheerende Folgen mit sich bringen könnte. Ein Grund für diese Erwärmung wird unserer modernen Industriegesellschaft zugeschrieben. Durch Verbrennen von Öl, Kohle und Gas entstehen hohe Treibhausgasemissionen, die angeblich das Klima belasten. Aber auch das Abholzen der Wälder und die Massentierhaltung tragen demnach zu Klimaveränderungen bei, und nicht zuletzt der Mensch an sich selbst. Noch nie gab es so viele Menschen auf unserem blauen Planeten, die alleine durch ihre Atmung ebenfalls Unmengen an klimafeindlichem Kohlendioxyd in die Atmosphäre abgeben. Durch dieses Gas wird die Wärmeabstrahlung von der Erdoberfläche in das Weltall erschwert.
Ein Klimawandel, also im aktuellen Fall ein Anstieg der Temperatur, auch nur um wenige Zehntel eines Grades, könnte nach Ansicht vieler Wissenschaftler bedeuten, dass die Sommer heißer und trockener werden, dafür die Winter regenreicher. Dies ist allerdings keinesfalls sicher bewiesen und beruft sich auf Spekulationen und fadenscheinigen Berechnungen, denn in der Vergangenheit zeigte sich – mit wenigen Ausnahmen - immer wieder, dass zunehmende Wärme mehr Regen bringt und dadurch die Vegetation üppiger wird. Die kurzen Warmzeiten der Erde waren bisher immer ein Segen für die Menschheit. Während derer explodierte förmlich die Vegetation und mit ihr der Artenreichtum in Pflanzen- und

Tierwelt. Unerklärlich sind deshalb Szenarien, die teilweise nur vorgetäuscht werden, um uns Menschen zu verunsichern und uns eine andere Lebensweise, die derer aufzudrängen. Die Unwetter, Gewitter, Stürme und Trockenzeiten könnten zwar zunehmen, durch verstärkte Gletscherschmelze könnte der Meeresspiegel auch steigen, aber dies alles sind wirklich nur Spekulationen und nichts davon ist wissenschaftlich auch belegt. Zu groß ist die Zahl der Unbekannten, die bei diesen Berechnungen eine Rolle spielen können. Ebenso ist die Vielzahl der Konsequenzen, die sich je nach Ausmaß der Erwärmung ergeben könnten, in Wirklichkeit nicht abschätzbar. Fragt man Leute, warum sie vom menschengemachten Klimawandel überzeugt sind, erhält man meist die Antwort, dass dies wissenschaftlich bewiesen sie. Doch Wissenschaft kann keine Sachverhalte beweisen, sondern nur Annahmen mehr oder weniger gut absichern. Je mehr Experimente man für diese Absicherung durchführt, desto besser und genauer werden die Ergebnisse und damit die Bestätigung der Theorie. Bestenfalls kann also eine Theorie zur Klimaentwicklung gut abgesichert sein, aber niemals ist sie damit bewiesen. Man kann experimentieren, so lange man will, aber eine genaue Vorhersage ist nicht möglich, denn zu groß ist die Anzahl der Parameter, die auf unser Klima einwirken.

Forscher prognostizieren uns, dass es durch diese Erwärmung bis zum Ende des Jahrhunderts, womöglich auch schon viel früher, in Deutschland keinen Schnee mehr geben würde. Dafür müsste man sich auf deutlich mehr Regen einstellen. Von jenen „Experten" wird auch behauptet, dass solche extremen Ereignisse wie die Überschwemmungen in Pakistan, die lange Hitze in Russland, das Erdbeben vor Sumatra mit anschließendem Tsunami, was 270.000 Menschenleben kostete, das Beben in Japan, ebenfalls mit Tsunami, in Deutschland der Sturm „Lothar" sowie das Hochwasser in

Sachsen, in den vergangenen Jahrzehnten messbar zugenommen hätten. Allerdings lasse sich noch keine dieser Erscheinungen allein dem globalen Klimawandel zuordnen. Letzteres trifft sogar zu, denn dies alles sind eben nur reine Vermutungen und beruhen teilweise auf Berechnungen mit genau diesen vielen Unbekannten, aber keiner kann bestimmt sagen, was uns die Zukunft auch wirklich bringen wird.

Eines muss man diesen Experten allerdings lassen: Die Katastrophen hatten noch nie solche Ausmaße wie wir sie in unserer Zeit immer wieder erleben. Verheerende Ereignisse, bei denen tausende Menschen umkommen häufen sich immer mehr, die Schäden werden immer größer, die Zerstörungen schlimmer. Dies ist eigentlich auch ganz normal und müsste jedem rational denkenden Menschen verständlich sein, denn die Erde war noch nie so dicht besiedelt wie im 21. Jahrhundert. Der Verstand scheint bei Planungen heutzutage ausgeschaltet zu sein, man kennt keine Vorsicht und nimmt keine Rücksicht mehr. Städte werden selbst in erdbebengefährdeten Lagen oder in Überschwemmungsgebieten gebaut, tsunamigefährdete Küsten werden immer dichter besiedelt, noch tätige Vulkane schrecken ebenfalls von einer nahegelegenen Besiedelung nicht ab. Dies muss zwangsläufig dazu führen, dass leider immer mehr Menschen von Katastrophen betroffen sind und immer mehr Menschen diesen zum Opfer fallen. So schlimm dies auch ist, aber mit einem Klimawandel hat dies dann allerdings wenig zu tun.

Klimaschwankungen sind in der Geschichte unserer Erde jedoch nicht neu, aber früher haben sich die Menschen über Klimaanpassungen seltener Gedanken gemacht und gar so ungewöhnlich sind Jahre, Jahrzehnte oder Jahrhunderte nicht, die klimatechnisch aus der Rolle fallen. Wie beruhigend ist es, wenn man in Geschichtsbüchern und Aufzeichnungen früherer Jahrhunderte herumblättert und feststellt, dass es auch in vergangenen Zeiten ab und zu sehr milde oder auch sehr kalte Jahre oder Perioden gegeben hat.

Solche Klimaveränderungen bestimmten auch schon immer das Schicksal der Menschheit. Sie waren genauso schuld am Aussterben des Neandertalers wie an der Entwicklung des modernen Menschen. Günstige Klimaperioden förderten den Aufstieg großer Reiche, und trugen zur Entwicklung des Handels und kultureller Blüte bei. Zivilisationen stiegen auf und gingen unter und selbst an den meisten Kriegen der Antike war der Wandel des Klimas nicht ganz unschuldig.

Klimawandel ist normal. Kalt- und Warmzeiten haben sich im Lauf der Erdgeschichte unablässig abgelöst. Eine Auswertung von Bohrkernen aus dem Eis der Pole und Sedimenten ergibt ein sehr gutes Bild der großräumigen Temperaturentwicklung der vergangenen Erdzeitalter. Auf Eiszeiten folgten allemal wieder Warmzeiten. Ganz extreme Klimaveränderungen brauchten jedoch immer wieder tausende oder gar Millionen von Jahren.

Eine Eiszeit ist eine Epoche, in der große Teile der Erde von den Polen aus vereisen. Wir können uns heute eine Erde ohne Eis nicht vorstellen, jedoch sind Eiszeiten eher die Ausnahme als die Regel. Die schwindende Vereisung beider Polkappen bedeutet, dass sich unsere Erde klimatisch derzeit in einem zu Ende gehenden Eiszeitalter befindet. Eine Eiszeit ist erdgeschichtlich gesehen eine Ausnahmesituation, da eisfreie Pole der eigentliche „Normalzustand" der Erde sind. Wer hätte dies gedacht? Während des größten Teils der Klimageschichte war die Erde nahezu eisfrei. Diese wärmeren Zeiträume, ohne Eis, machen ungefähr 80 Prozent der gesamten Erdgeschichte aus.

Bis heute ist auch noch nicht hundert prozentig erwiesen, dass das „Klimagas" CO_2 direkt mit einem Klimawandel in Zusammenhang gebracht werden kann. In der Zeit zwischen

8000 und 6000 vor Christus war es auf der Nordhalbkugel deutlich wärmer als heute, während der CO_2-Gehalt der Atmosphäre ein Minimum betrug, um danach ohne jeden menschlichen Einfluss und ohne vernünftige Erklärung wieder anzusteigen. Gleichzeitig sank die Temperatur. Dabei gab und gibt es keinen direkten Zusammenhang zwischen Temperatur und CO_2 in der Atmosphäre. Der Grund für eine Erwärmung ist also ungeklärt. Die CO_2-Hypothese reicht dafür jedenfalls nicht aus und ist keine Grundlage für eine Klimahysterie. Dies soll allerdings nicht heißen, dass der menschliche Beitrag zur Erzeugung von CO_2 verniedlicht oder gar abgestritten werden soll. Er taugt allerdings nicht dazu, das Klima für 100 Jahre vorherzusagen, wenn es doch schon schwerfällt, das Wetter für die kommenden drei Tage zu bestimmen.

Zu Bedenken gibt die Tatsache, dass unsere Luft zu 78% aus Stickstoff besteht. Dazu kommen 21% Sauerstoff und 1% Edelgase. Der CO_2–Anteil liegt allerdings nur bei 0,038%. Davon produziert die Natur selbst etwa 96%, den Rest, also 4% von 0,038% der Mensch selbst. Das sind 0,0015%, wovon wiederum der Anteil Deutschlands bei 3,1% liegt. Somit beeinflusst Deutschland mit nur 0,00047% das CO_2 in der Luft und damit sollen wir für einen Klimawandel verantwortlich gemacht werden. Wegen 0.00047% will Deutschland die Führungsrolle in punkto Weltrettung übernehmen. Amerika interessiert dies überhaupt nicht. Dies kostet den Steuerzahler hierzulande etwa 50 Milliarden Euro jährlich. Auch darüber sollte man einmal nachdenken. Selbst wenn der CO_2 Ausstoß einmal bei null liegen sollte und wir „klimaneutral" leben, heißt dies noch lange nicht, dass sich damit auch die Temperatur ändert, sowohl positiv als auch negativ.

Erdgeschichte und Klimawandel

Unsere Erde entstand vor 4,54 Millionen Jahren und ihre Uratmosphäre hatte zunächst keinen Sauerstoff und kein Wasser. Sie begann vor etwa 4 Mrd. Jahren zu erstarren und seit etwa 3 Mrd. Jahren ist der größte Teil der Oberfläche mit Wasser bedeckt. Das Klima veränderte sich über den Lauf der Zeit ständig. Mal war es heiß und trocken, mal kalt und feucht.
Die erste Eiszeit begann vor etwa 2,3 Milliarden Jahren und dauerte etwa 300 Millionen Jahre an. Danach war es über eine Milliarde Jahre lang warm. Es gab kein oder kaum Eis auf der Erde. Die Pole waren eisfrei. Erst in 950 Millionen Jahre alten Gesteinsschichten lassen sich Hinweise darauf finden, dass sich erneut Eis auf der Erde bildete, allerdings gibt es bisher nur in Europa Hinweise auf diese Eiszeit. Deshalb ist davon auszugehen, dass nur ein im Gebiet des heutigen Europa liegender Pol der Erde eisbedeckt war.
Die beiden nächsten Eiszeitalter folgten zwischen 750 und 620 Millionen Jahren, jeweils wieder nach einer Warmzeit. Sie traten in relativ kurzem Abstand auf und beide Erdhalbkugeln waren großflächig vereist. Eine schwache Eiszeit vor 440 Millionen Jahren beschränkte sich auf das Gebiet der heutigen Sahara und wird daher auch „Sahara-Vereisung" genannt.
Dafür war die vor 280 Millionen Jahren folgende Eiszeit wieder stärker und wieder wurde die Weiterentwicklung der Erde, samt ihrer Pflanzen- und Tierwelt gehemmt. Verstärkt wurde dieses Desaster allerdings noch 28 Millionen Jahre später, was wohl zum größten Massenaussterben auf der Erde geführt haben mag. Beinahe 95 Prozent aller Meeresbewohner und 70 Prozent der Landlebewesen sind damals innerhalb von 200.000 Jahren für immer von der Erde verschwunden. Ursache dafür waren Vulkanausbrüche im heutigen Russland, die zu den

größten der Erdgeschichte gehören. Dabei wurde so viel Kohlendioxid freigesetzt, dass das globale Klima kollabierte. Die Ozeane wurden regelrecht vergiftet. Gigantische Mengen an extrem dünnflüssiger basaltischer Lava überzogen das Land und bildeten Sibirien. Die Wissenschaft geht davon aus, dass es durch dieses Massenaussterben erst möglich wurde, dass sich die Dinosaurier so schnell und erfolgreich entwickeln konnten. Begünstigt wurde dies dann aber wesentlich durch eine Warmzeit, die nun folgte. Dies förderte einen üppigen Pflanzenwuchs, die Nahrungsgrundlage riesiger Pflanzenfresser, die von nun an die Erde über 200 Millionen Jahre lang beherrschen sollten. Die Landmassen der Erde bildeten damals noch einen einzigen Superkontinent, der Pangäa genannt wird.

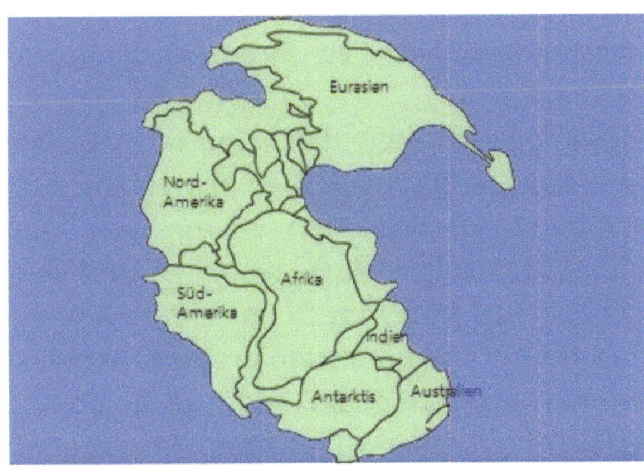

Als die Dinosaurier lebten, bestand die Erde nur aus einem einzigen Kontinent, der Pangäa genannt wird. Danach zerbrach dieser Kontinent und die verschiedenen Erdteile trifteten auseinander, bis die Erde, so wie wir sie heute kennen, entstanden war.

Doch Pangäa blieb nicht lange bestehen. Die Landmassen brachen nach und nach auseinander und drifteten langsam dorthin, wo sich heute die unterschiedlichen Kontinente unserer Erde befinden. Wo diese Platten zusammenstießen, bildeten sich mit der Zeit riesige Gebirge. So sind auch der Himalaya und unsere Alpen entstanden.

Kurz vor Ende der Kreidezeit, also vor etwa 65 Millionen Jahren, sah die Erde schon beinahe so aus wie heute. Dieser Zeitraum war auch gleichzeitig das Ende der Dino Saurier, ein Drama das ebenfalls auf einen Klimawandel zurückzuführen ist. Ausgelöst wurde dieser durch einen Meteoriteneinschlag im Bereich des heutigen Golf von Mexiko und verschiedene Vulkanausbrüche. Der durch die Explosion beim Einschlag des 15 km großen Gesteinsbrockendes entstandene Staub und die Vulkanasche verdunkelte die Atmosphäre für Jahre so stark, dass kaum noch Sonnenstrahlen die Erdoberfläche trafen. Die Explosion war dermaßen heftig, dass wegen der Hitze, der Druckwelle und anschließenden Tsunamis um den ganzen Globus, wieder innerhalb kurzer Zeit die Hälfte aller damals lebenden Tier und Pflanzenarten starben. Die folgende Kälte und die Dunkelheit ließen die Pflanzen kaum noch wachsen. Die Erde wurde wüst und öde. Ein Leben war für die Riesenechsen so nicht mehr möglich, was dann letztendlich auch zu ihrem endgültigen Aussterben führte.

Kommen wir zum jüngsten Eiszeitalter, dem Quartär, das bis heute andauert. In diese Epoche fällt auch die Entwicklung des Menschen. Schon vor rund 60 Millionen Jahren war die Temperatur allmählich gesunken, so dass sich die Antarktis langsam mit einer Eiskappe bedeckte. Im Durchschnitt war es etwa fünf Grad kälter als heute. Unaufhaltsam breitete sich das Eis über Jahrhunderte von den Polen her aus und auch die Gebirge wurden langsam von einem Eispanzer überzogen. Große Teile der Nord- und Südhalbkugel waren nach und nach mit Eis bedeckt. Dies wirkte sich auch auf den Meeresspiegel aus, der um etwa 135 Meter niedriger lag als heute. Der Golfstrom wurde dadurch stark abgeschwächt, und die Nordsee verschwand fast ganz.

Vor etwa 3,2 Millionen Jahren, so belegen es zumindest Tiefsee-Sedimente, fiel die Temperatur noch einmal deutlich ab. Die niedrige Temperatur machte auch den damaligen Frühmenschen zu schaffen und nicht nur einmal war auch diese

Spezies vom Aussterben bedroht, besonders in der letzten Eiszeit.

Am Rande der Gletscher bildeten sich karge Tundren und Nahrung war nur schwer zu finden. Doch der Neandertaler ließ sich durch solche Umstände nicht unterkriegen. Im Gegenteil, für solche Bedingungen war er durch seine Körperstruktur wie geschaffen. Das Feuer hatte er sich bereits zu Eigen gemacht, suchte Schutz in Höhlen und war ein geschickter Großwildjäger. Er ernährte sich hauptsächlich von Fleisch und sein Hauptbeutetier war das Mammut. Diesem folgte er auch auf weite Strecken bei dessen Nahrungssuche.

Ein weiterer Vulkanausbruch vor 1,3 Millionen Jahren im Gebiet des heutigen Yellowstone-Nationalparks verschlechterte die Lebensbedingungen noch einmal. Auch diese Auswirkungen waren wieder auf der ganzen Erde zu spüren.

Das herbe Klima machte dem Neandertaler nichts aus und es wäre noch lange so gut gegangen, wenn sich dieses Klima vor 60.000 Jahren nicht wieder schlagartig verändert hätte, mit verheerender Wirkung für den Neandertaler. Diesmal waren bestimmte Konstellationen im Weltall dafür verantwortlich, deren Hauptakteur die Sonne war. Die Erde befindet sich bei ihrem Umlauf um die Sonne mal in einem engen Radius, mal in einer weiten Ellipse. Das wechselt sich immer wieder, so etwa alle 100.000 Jahre. Außerdem verändert die Erdachse im Laufe von 40.000 Jahren immer wieder ihren Winkel. Dies führt dann regelmäßig zu Klimaschwankungen auf der Erde, da die Sonneneinstrahlung mal schwächer und mal stärker ist. Dazu kam, dass der Golfstrom wieder verstärkt seine Tätigkeit aufnahm, was den Nordmeeren einen Temperaturanstieg von über acht Grad brachte. Kalt- und Warmphasen wechselten sich innerhalb kürzester Zeit zehnmal ab. Wälder und Steppen entstanden und verschwanden wieder. Mensch und Natur waren im Dauerstress. Da sich diese Wälder schon innerhalb von zehn Jahren zu einer Graslandschaft verwandelten, veränderte sich das Beuteschema schlagartig. Die Beutetiere wanderten teilweise ab oder starben ganz aus. Für die Eiszeit wie geschaffen, kam der Neandertaler mit diesen neuen Bedingungen nicht mehr zurecht. Außerdem bekam er Konkurrenz durch den Neuzeitmenschen, dem Homo Sapiens. Dieser hatte sich vor 45.000 Jahren in Afrika entwickelt und auf der Suche nach neuem Siedlungsraum kam er auch bis nach Europa. Da sich die Kälte zurückgezogen hatte, kam nun diese Gattung Mensch mit den Gegebenheiten in den Steppen Europas besser zurecht als die langsam weniger werdenden Ureinwohner, die Ihren Kampf ums Dasein immer mehr verloren. Der Homo Sapiens war größer als der Neandertaler und hatte sich auf die Jagd in der Steppe spezialisiert. Dadurch konnte er sich die nötigen Fleischvorräte besser beschaffen. Gab es nichts zu jagen, aß er auch mal Pflanzen, sammelte Beeren oder fing Fische. Vor 24.000 Jahren war dann auch der letzte Neandertaler ausgestorben, während der Neuzeitmensch seinen Siegeszug antrat.

Aber nicht nur der damalige Mensch, auch die Tierwelt hatte sich der Kälte angepasst. Riesenfaultiere, Kurzschnauzbären und Wollhaarmammuts bevölkerten die kalten Landschaften. Am Ende der Eiszeit ereilte auch sie dasselbe Schicksal wie den Neandertaler. Sie starben ebenfalls aus.

Der Mensch der Neuzeit verbreitete sich von Afrika aus über Europa, Asien bis nach Australien. Über eine Landbrücke zwischen Sibirien und Alaska kam er sogar bis nach Amerika. Dieser neue Mensch konnte sich überall dem Klima anpassen und es sich auch zunutze machen. Deshalb konnte er sogar die letzten Winkel der Erde erreichen.

Dies gelang nur deshalb, weil es vor 17.000 Jahren durch einen Kurswechsel in der Umlaufbahn der Erde um die Sonne auf unserer Erde wieder langsam wärmer wurde.

14

Ein Frühlingserwachen begann und das Eis zog sich immer weiter zurück. Die Meere und Nordeuropa wurden eisfrei und der Golfstrom konnte seien Tätigkeit wieder vollständig aufnehmen. Dies dauerte mehrere Tausend Jahre, bis sich die Kaltzeit zur Warmzeit gewandelt hatte, die bis heute andauert.

Gemessen am Klima der letzten 100 Millionen Jahre ist es derzeit jedoch kalt, da wir uns in einer zu Ende gehenden Eiszeit befinden. Innerhalb dieser ist es aber wiederum warm, da schon vor über 10.000 Jahren die aktuelle Warmzeit dieses Eiszeitalters begann. Demnach befinden wir uns zurzeit in der Warmzeit eines Eiszeitalters.

Infolge der Wärme verdunstete wieder mehr Wasser. Es regnete wieder regelmäßiger und ideale Bedingungen für eine sich nun ausbreitende üppige Pflanzenwelt. Große Wälder entstanden in Europa und Nordamerika und auch die Tropenwälder begannen sich auszubreiten. Ein wahres Paradies entstand im Mittelmeerraum und im Zweistromland zwischen Euphrat und Tigris, mit besten Bedingungen schon in der Steinzeit. Die größte Errungenschaft war aber die Entdeckung des Wildgetreides, das dort auf den fruchtbaren Böden wuchs. Da die Jahreszeiten verlässlicher wurden, bedeckten bald Einkorn und Dinkel weite Teile des Landes und wurden zu einem wichtigen Nahrungsmittel. Die Landwirtschaft wurde entdeckt. Aus den Nomaden wurden Ackerbauer und Siedler und erste Städte entstanden, begünstigt durch das anhaltende günstige Klima. So beispielweise Jericho, etwa 8000 v. Chr.

Doch etwa zur selben Zeit bahnte sich in Nordamerika eine Katastrophe an, welche das Klima und damit die ganze Welt wieder erneut verändern sollte. Über Jahrtausende hatten Gletscher von bis zu 3.000 m Dicke die nördliche Halbkugel überzogen. Nun schmolzen sie in rasanter Geschwindigkeit wieder ab, was auch den Meeresspeigel wieder steigen ließ.

In Europa entstand so die Ostsee und in Vorderasien das Schwarze Meer.

In Nordamerika hatte sich auf dem flachen Festland das Schmelzwasser der Gletscher angestaut und breitete sich immer weiter aus. In westliche Richtung war ein Abfluss wegen des Gebirges nicht möglich. Deshalb konnte sich der riesige See nur Richtung Osten vergrößern. Dies verhinderte irgendwann eine Eisbarriere, die sich dort aufeinander schob. Durch die anhaltende Wärme schmolzen die Gletscher weiter und die Wassermasse aus den Bergen wurde immer gewaltiger und dadurch auch der Druck auf die Eisbarriere. Vor etwa 6.200 Jahren konnte diese Barriere dann dem mächtigen Druck nicht mehr standhalten und gab nach. Unvorstellbare Eiswasser-massen überfluteten weite Teile des Ostens Nordamerikas und ergossen sich anschließend in den Atlantischen Ozean. Das eiskalte Wasser brachte die Zirkulation des Atlantiks durcheinander und brachte den Golfstrom zum Zusammenbruch. Dadurch transportierte dieser keine Wärme mehr in den Nordatlantik.

Die Warmzeiten sind immer relativ kurze Epochen und überall in Europa sanken danach die Temperaturen wieder. Auch im fruchtbaren Zweistromland, wo der Ackerbau den Menschen gerade den Fortschritt gebracht hatte wurde es plötzlich kalt und trocken. Verheerende Dürren waren die Folge und der Ackerbau kam fast wieder zum Erliegen. Die ersten Klimaflüchtlinge in der Geschichte der Menschheit traten auf. Sie machten sich auf die Suche nach einem neuen Paradies und überall wo sie sich nieder ließen, führen sie den Getreideanbau ein. Doch auch an den Küsten waren sie nicht sicher, denn durch den steigenden Meeresspiegel, bedingt durch die große Eisschmelze, wurden weite Teile aller damaligen Kontinente entlang der Küsten überflutet. Davon zeugen noch alte Steinzeitsiedlungen, die heute bis zu 100 Metern unter dem

Meeresspiegel liegen. Diese Überflutung könnte ein Hinweis der Bibel auf die Sintflut sein, als Noah seine Arche baute. Zeit hätte er ja genug gehabt, denn das Wasser stieg über mehrere Jahrzehnte oder gar Jahrhunderte. Genau so wird er für den Bau dieser Arche Jahrzehnte gebraucht haben. Doch nicht nur die Bibel, auch andere Schriften zeugen ebenso von diesem Ereignis. Das uralte Gilgamesch Epos (eines der ältesten überlieferten literarischer Werke aus dem alten Babylon) schildert die Katastrophe im gleichen Wortlaut wie der Koran und auch nach uralten Berichten der Aborigines in Australien und der Indianerstämme in Brasilien wurde die Erde in grauer Vorzeit von einer großen Sintflut heimgesucht. Der dramatische Anstieg des Meeresspiegels hat die Menschen damals so sehr erschüttert, dass dies für immer in ihrem Gedächtnis hängen blieb und später niedergeschrieben wurde. In der dazwischenliegenden Zeit mag sich der Wortlaut dieser Katastrophe größtenteils verändert haben und aus Jahren könnten auch die bekannten 40 Tage der Sintflut geworden sein. Der Sinn des Ganzen ist allerdings größtenteils geblieben.

Auch das Schwarze Meer traf dieses Schicksal, denn die Meerenge zwischen dem Mittelmeer und dem Schwarzen Meer soll ebenfalls in dieser Zeit entstanden sein. Sintflutartig sollen sich damals die Massen des Mittelmeeres in das Schwarze Meer ergossen haben, als die schmale Felsbarriere zwischen den beiden Meeren durchbrochen wurde. Auch dies könnte das Szenario der Sintflut gewesen sein. Forscher haben jedenfalls nachgewiesen, dass das Schwarze Meer früher ein Süßwassersee gewesen ist und der Wasserspiegel etwa 100 Meter unter dem heutigen lag. Mit dem Echolot konnten tiefe Gräben festgestellt werden, die früher Flusstäler waren und in den See mündeten. Auch eine einstige Ufervegetation konnte in dieser Tiefe nachgewiesen werden.

Erst vor etwa 5.000 Jahren kam der Meeresspiegel zur Ruhe, nicht ohne die Landkarte vollständig neu geformt zu haben. In Nordeuropa war die Ostsee neu entstanden, ebenso die Hudson Bay in Amerika samt den Großen Seen. England und Sizilien wurden zu Inseln und Japan, Indonesien und Australien wurden vom Kontinent getrennt. Die Landbrücke zwischen Nordamerika und Asien war verschwunden und ganze Küstenstreifen und Inseln waren untergegangen.

Doch während die ganze Welt leidet, pulsiert in der Sahara das Leben. Die größte Wüste der Erde war damals eine artenreiche Savanne mit allen möglichen Tierarten, deren Herden dort üppige Weidegründe vorfanden gespeist aus einem Netz von Flüssen und riesigen Seen. Möglich machte dies eine Kraft in der Atmosphäre, die kurzzeitig besonders an einem günstigen Klima mitarbeitete, der Monsunwind.

Zusätzlich erhielt damals die Nordhalbkugel extrem viel Sonnenwärme, weil die Erdachse besonders nah zur Sonne geneigt war. Die Hitze konnte von den Landmassen besser gespeichert werden als von den Ozeanen. Ein Sog entstand, der zum Monsunwind wurde. Er brachte Regen und lies die Wüste erblühen. Archäologische Funde in der Wüste zeugen von diesem regen Leben, das damals dort herrschte. Doch kaum ein Wimpernschlag später in der Erdgeschichte, um 3500 v. Chr. war schlagartig Schluss und diese fruchtbare Region verwandelte sich in die größte Wüste der Erde. Der Regen blieb aus, denn die Monsunwinde waren nur von kurzer Dauer, da sich die Erdachse wieder von der Sonne wegbewegt hatte.

Die Sahara war jedoch kein Einzelfall. Etwa zeitgleich breiteten sich die anderen Wüsten der Erde ebenfalls aus. Diese kleine Drehung der Erdachse hatte dazu geführt, dass in den Subtropen die Regenfälle ausblieben. Wieder setzte klimabedingt eine Völkerwanderung ein. Ziel der einstigen Bewohner der Sahara war ein grüner Landstrich im Norden

Afrikas. Der Nil führte weiterhin genügend Wasser um die Gegend fruchtbar zu halten und um die Menschen zu versorgen. Das Niltal war zur grünen Lunge des Landes geworden. Der erneute Klimawandel bescherte Ägypten eine goldene Zukunft und bald schon war dort das erste Königreich entstanden. Die erste Hochkonjunktur der Welt war das Produkt einer günstigen Klimaphase in der Nilregion und sollte über mehrere Jahrtausende bestehen. Wasser und Nahrung, der Schlüssel zum Erfolg, waren genügend vorhanden.

Die Ägypter waren jedoch nicht die einzigen, die von dieser günstigen Klimaphase der Bronzezeit zwischen dem zwanzigsten und dem vierzigsten Breitengrad profitierten. Nicht weit entfernt, in Mesopotamien und Persien begann die Blütezeit der dortigen Kulturen, ebenso in Nordindien. Auch im fernen Osten, in China war dies der Start für ein Weltreich, das dann mehrere tausend Jahre überstehen sollte. Doch auch der ferne Kontinent Amerika profitierte von der erneuten Gunst des Klimas. In Peru und Mexiko entstanden ebenfalls Hochkulturen, wie sie die Welt bisher noch nicht gesehen hatte. Ihre Reiche waren von einer solchen Strahlkraft, dass sich zahlreiche Mythen darüber bis heute erhalten haben.

Eines hatten jedoch alle diese Reiche und Kulturen gemeinsam, und auch dies hatte wieder mit dem Klima zu tun: Die Anbetung der Sonne. Nicht nur die Ägypter verehrten die Sonne, an vielen Orten der Erde wurde dieser helle Stern als Lebensspender gepriesen. Die Himmelsscheibe von Nebra galt als heiliges Messgerät mit dem der Lauf des himmlischen Gestirns berechnet werden konnte. Schon damals wussten die Menschen woher die Kraft des Lebens kam. Klimatische Warmzeiten hatten bisher schon immer das Leben auf der Erde begünstigt und ohne eine solche wären diese Hochkulturen niemals entstanden.

Das Verschwinden der minoischen Kultur (benannt nach dem damaligen König Minos) auf Kreta während dieser Warmphase hatte wieder vulkanischen Ursprung. 1.500 Jahre v. Chr. brach der Vulkan Thira, bei Santorin in Griechenland aus. Infolge dieser Eruption überflutete ein gewaltiger Tsunami die griechischen Inseln, der viele Todesopfer forderte.

Ab etwa 1200 v.Chr. wendete sich das Blatt dann wieder. Ein mystisches Seefahrervolk machte die Ägäis unsicher. Niemand wusste, woher sie kamen und was sie wollten. Eine wahrlich dunkle Zeit, die auch so als „Dark Ages" in die Geschichte einging. Dunkel auch deshalb, da es aus dieser Zeit keine schriftlichen Aufzeichnungen gibt. Immer wieder griffen sie vom Meer aus an und zogen plündernd und brandschatzend durch die Lande und läuteten damit das Ende der Bronzezeit ein. Ein Reich nach dem anderen lag in Schutt und Asche.

Bei der Suche nach der Ursache für den kontinentalen Kollaps stoßen wir wieder auf eine Veränderung des Klimas und Wissenschaftler vermuten, dass eine solche wieder seine Finger mit im Spiel gehabt habe. Es wurde kälter und trockener im Mittelmeerraum, was sich an bis zu 20 Meter hohen Stalagmiten aus der Korykion Höhle in der Türkei nachweisen lässt. Die meisten sind dort Millionen Jahre alt und ihre Untersuchung gleicht einem Gang durch die Klimageschichte der Erde. Tropfsteine bilden sich immer dort, wo Wasser in der Erde versickert und am Felsen hinunter tropft. An ihrem Ende bildet sich Sinter, Rückstände von Kalk, und deshalb „wachsen" sie immer wieder weiter, Schicht für Schicht. An ihnen Strukturen können Wissenschaftler die Regenmengen feststellen, vor Allem wie oft und wie lange es geregnet hat. Dadurch lassen sich leicht Trocken- und Regenzeiten in der Vergangenheit unterscheiden und nachweisen.

Diese Proben aus der Korykion Höhle zeigen zum Ende der Bronzezeit eine recht abrupte Witterungsveränderung an. Das

Wachstum des Stalagmiten hatte sich auffallend verlangsamt, was darauf deutet, dass das Klima demnach immer trockener geworden war. Zum Unterschied davor, waren kaum neue Sinterschichten dazugekommen. Es gab anscheinend keine ergiebigen Niederschläge mehr. Im ganzen Mittelmeerraum herrschte eine Dürre- Kälteperiode. Die trockenen Böden gaben bald nichts mehr her und wieder machten sich Klimaflüchtlinge auf, um bessere Regionen aufzusuchen. Längst hatte sich herumgesprochen, dass die Kornkammern Ägyptens noch voll waren und so war dieses Land das Ziel der Völker von Griechenland bis zum vorderen Osten. Die Auswanderer fielen in Horden ein und zwangen das Pharaonenvolk langsam in die Knie. Das Ägyptische Reich hatte Jahrtausende überstanden und nun führte eine Kälteperiode zum Desaster und das Reich ging unter. Der Niedergang Ägyptens zeigt uns deutlich, welche Macht das Klima und dessen Wandel wirklich haben.

Wieder war eine Klimaanomalie schuld, denn das Erdklima hatte die niedrigsten Temperaturen seit der Eiszeit erreicht und die Niederschläge waren dadurch extrem zurückgegangen, und dies nicht nur in Europa.

Erst um 350 v.Chr. wurden die Weichen im Weltall für ein besseres Klima wieder neu gestellt. Die Erde hatte bei ihrem Lauf um die Sonne wieder geringfügig den Kurs geändert und die beiden Himmelskörper waren sich näher gekommen. Die Temperaturen wurden wieder milder, es regnete wieder regelmäßiger und die neu gebildeten Gletscher schmolzen wieder ab. An Jahresringen antiker Eichen lässt sich dieser Temperaturanstieg um zwei Grad gegenüber wenigen Jahrhunderten zuvor auch noch heute nachweisen. Durch diesen Wetterwandel wurde die Krise überwunden, von der die ganze Erde, aber besonders der Mittelmeerraum betroffen war. Durch die regelmäßigen Sommerregen stieg der Grundwasserspiegel wieder an und die Böden wurden fruchtbarer, der Norden Afrikas wurde in ein Getreideparadies verwandelt. Soweit das Auge reichte, wuchs Emmer, auch Zweikorn, das Getreide der Antike. Dies weckte Begehren auf der anderen Mittelmeerseite, bei den Römern einem neu aufstrebenden Reich, das sich dann auch mit Gewalt Zugang zur Kornkammer machte und sich dieser bediente. Mit dem Sieg über Karthago war der Anfang für die Versorgung des nun stark wachsenden Volkes gesichert.

Rom konnte nun seine Bevölkerung sicher ernähren und expandierte weiter. Die Voraussetzungen waren optimal, denn das Klima war gerade günstig.

Über 300 Jahre hielt das Klimaoptimum dann an und sorgte während der Zeit um Christi Geburt für ein stabiles Wachstum und ausreichend Nahrung für die Weltmacht am Tiber, die weitere Eroberungen immer wieder erfolgreich vorantreiben konnte. Nur noch nach Norden konnte sich dieses Reich bisher nicht weiter ausbreiten denn die Alpen boten eine natürliche Grenze und eine kaum zu überwindende Barriere für die Söldner. Die hohen, teilweise vergletscherten Berge und die schneebedeckten Pässe stoppten den Eroberungswahn der Feldherren und Krieger.

Doch dieser erneute, relativ kleine Temperaturanstieg sollte nun auch dieses Problem lösen und hatte somit große Auswirkungen auf die gesamte Nordhalbkugel der Erde, beziehungsweise auf Europa. Ein solches leichtes Temperaturplus reichte aus, um die großen Alpengletscher zu schmelzen und teilweise auch ganz abzutauen. Langsam zog sich das Eis zurück und so manches Tal und auch mancher Alpenpass wurde wieder eisfrei und für jedermann passierbar, auch für die Weltmacht rund ums Mittelmeer, südlich dieses großen Gebirges. Scheinbar mühelos stießen die Menschen immer weiter in die Alpentäler vor und fanden bald auch Übergänge für große Heere, die nun problemlos Richtung

Norden ziehen konnten. Der Unterwerfung Germaniens stand nichts mehr im Wege. Ihre überlegene Kampftechnik machte die Eindringlinge unschlagbar und das Klima begünstigte ihre Erfolge zusätzlich. Eine Eroberung folgte der anderen, da die Germanen einer solchen Übermacht chancenlos ausgeliefert waren.

Einziger Rückschlag war im Jahre 79 n. Chr. der Ausbruch des Vesuvs. Dieser Vulkan hatte fast 900 Jahre lang geruht und galt als erloschen. Am 24. August des Jahres 79 sollte sich dies aber wieder ändern. So um die Mittagszeit muss eine riesige Explosion den Gipfel des Schlotes einfach weg gesprengt haben. Diese Katastrophe traf die dortigen Menschen völlig unvorbereitet. Die Stadt Pompeji wurde unter einer rund sieben Meter hohen Schlammschicht aus Asche und Gestein für immer begraben.

Der Vesuv im Jahre 79 n. Chr. vor und nach der Katastrophe.

Ein blühendes Zentrum des römischen Imperiums wurde somit komplett zerstört. Von den 20.000 Bewohnern, so glauben Wissenschaftler heute, kamen wohl etwa 16.000 zu Tode. Die meisten starben an den tödlichen Phosphordämpfen. Erst nach drei Tagen kam die Sonne wieder zum Vorschein und von der einst blühenden Stadt war fast nichts mehr zu sehen.

Zu seinem Höhepunkt, etwa 115 n. Chr. hatte das Römische Reich ca. 50 Millionen Einwohner und erstreckte sich von Schottland bis zum Kaspischen Meer und über den gesamten Mittelmeerraum bis Persien.

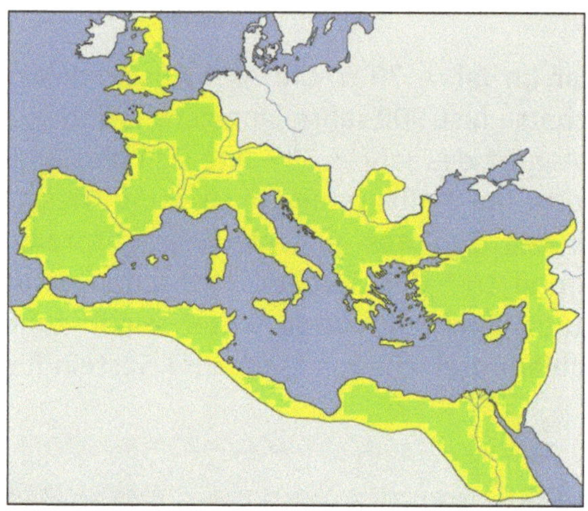

Die Ausdehnung des römischen Reiches im 2. Jahrhundert n. Chr.

Rom war allerdings nicht der einzige Gewinner dieses Klimawandels. Auch das fernöstliche China erlebte diese Blütezeit in ähnlicher Weise. Dort wuchs und gedieh der Reis in bis dato unbekannter Weise. Künstliche Bewässerungen und Ackerbau mit Zugtieren begünstigten das Wachstum zusätzlich. 221 v. Chr. konnte China unter einer Krone vereinigt werden und wurde zum Kaiserreich. China wurde ebenfalls zur Weltmacht und setzte wie Rom auf aggressive Expansion. Dies brachte Feindschaften mit den Nachbarvölkern. Um dieses neue Königreich vor Feinden zu schützen, befahl der Kaiser den Bau der Chinesischen Mauer, die über 5.000 km lang werden sollte, und bis heute erhalten ist. Das Land konnte damit über lange Zeit vor allem gegen die kriegerischen Nomaden aus dem Norden geschützt werden.

Gleiches taten auch die Römer mit dem Bau des 550 km langen Limes. Auch sie steckten ihr Territorium ab und konnten so ungewollte Eindringlinge fernhalten.

Aber auch wieder das Wetter führte zu einer schweren Niederlage des Römischen Reiches. Die dichten Wälder und die ergiebigen Niederschläge in Germanien wurden den bis an die Zähne bewaffneten römischen Söldnern zum Verhängnis. Nach tagelangem Regen gingen den Germanen bei der Schlacht im Teutoburger Wald drei römische Legionen im Dickicht des Waldes in die Falle. Der Regen hatte den Boden aufgeweicht und durch die Bewaffnung und die schweren Metallrüstungen konnten sich die Römer im Morast nur schlecht bewegen und wurden von den ortskundigen Germanen in leichter Bewaffnung einfach niedergemetzelt. Die Germanen hatten das Wetter zu ihrem Vorteil genutzt.

Trotz Allem war dem riesigen Reich kein Gegner gewachsen und es hatte auch solche nicht mehr zu bekämpfen, aber langfristig wurde ein Gegner so stark, dass ihn selbst die Römer nicht mehr bezwingen konnten, und dies war wieder eine Veränderung des Klimas, ein erneuter Klimawandel, der seine Ursachen wiederum im Weltraum hatte und eine deutliche Abkühlung brachte. Veränderungen bei den Aktivitäten der Sonne, dem Stand der Erdachse und der Umlaufbahn zeigten ihre Wirkung. Es wurde kälter und die Gletscher wuchsen an Der üppige Regen in Nordafrika wurde spärlicher und viele Felder begannen zu verdorren. Die riesige Kornkammer Nordafrikas begann zu schwächeln, die Ernährung des riesigen Reiches konnte nicht mehr gesichert werden. Unruhen und Korruption waren die Folge und schwächten den Staat. Die Außengrenzen waren gefährdet, zumal die Söldner nun froren und die Nachbarn wegen ausbleibender Ernten Hunger litten. Dies verstärkte sich immer mehr, umso weiter man nach Norden kam. Der Einfall der Hunnen, die den durch

Mangelernährung geschwächten Germanen nun auch noch das Land streitig machten, war der Beginn der Völkerwanderungen, denn der notleidenden Bevölkerung blieb nur noch die Flucht. Eine Massenbewegung setzte ein, bei der von Norden nach Süden, ein Volk das andere bedrängte und verdrängte. Bald waren hunderttausende Klimaflüchtlinge auf dem Vormarsch zu den Grenzen des Römischen Reiches. Einen Vorteil brachte ihnen die Kälte dabei. Moore und Flüsse froren in den kalten Wintern zu und natürliche Grenzen konnten somit leicht überwunden werden. Ohne diese neue Kälte wären die Wanderungen der Völker spätestens hier gestoppt worden.

Auch die Römische Grenze war unter diesen Umständen nicht mehr lange zu halten und wurde passierbar. Im Winter 406 drangen fast 90.000 Germanen bei Mainz über den zugefrorenen Rhein in das Römische Imperium. Ihnen folgten immer mehr Völker, die sich dort neuen Siedlungsraum erkämpften. Ein Untergang des Römischen Reiches war nun nicht mehr aufzuhalten.

Im Frühjahr des Jahres 536 erreichte diese Kälteperiode ihren Höhepunkt. Die Temperaturen sanken plötzlich stark ab. Frostige Winde und Dunkelheit ließen die Ernten verderben. In alten Schriften von Gelehrten aus Byzanz ist zu lesen, dass sich die Sonne verfinsterte und wie ein Mond aussehe. Selbiges berichteten Mönche aus Irland. Aber auch in China wurde dieses Phänomen wahrgenommen. Von dort wird berichtet, dass die Sonne am Tag nur vier Stunden zu sehen war.

Lange Zeit war nicht bekannt, was damals geschah. Geologen glaubten, dass ein Meteoriteneinschlag vor Australien dafür verantwortlich war. Die Ursache des Ereignisses konnte erst in jüngerer Vergangenheit richtig aufgeklärt und anhand von Baumringanalysen genau datiert werden. In Mittelamerika, in El Salvador war der Vulkan Ilopango mit einem riesigen Potential an Zerstörung ausgebrochen. Bei der damaligen Explosion wurden in wenigen Sekunden mehr als 84 km³ Asche und Gestein heraus-geschleudert und bis nach Kolumbien und in den Pazifik hinein verteilt. Rauch Asche und Schwefelwolken stiegen über 25 km hoch bis zur Stratosphäre, verteilten sich und blieben dort auch über mehrere Monate hängen, bevor sie sich wieder langsam auflösten und auf die Erde nieder gingen. Diese Asche ist selbst noch in Eis-Bohrkernen der Arktis und Antarktis feststellbar.

Wenn so etwas passiert, verdunkelt sich der Himmel. Die Sonnenstrahlen können dann nicht mehr durchdringen und die Erdoberfläche kühlt ab. Dieser vulkanische Winter dauerte 18 Monate und stellte Mensch und Natur auf eine harte Probe. Durch Kälte und Feuchtigkeit verfaulten Ernten oder bleiben ganz aus und die Menschen wurden anfällig gegen Krankheiten und Seuchen. Die Pest breitete sich aus. Fast ein Drittel der damaligen Europäer fand durch diese Klimakatastrophe den Tod. Archäologen fanden in Mitteleuropa zahlreiche aufgegebene Siedlungen aus dieser Zeit.

Doch die Natur erholte sich rasch und in Europa entstanden dichte, tiefe und dunkle Wälder, wo Wolf und Bär zuhause waren. Die Menschen fürchteten sich vor den Naturgewalten und wurden nun religiöser. Wandermönche verbreiteten den christlichen Glauben. Die Not machte das Christentum populär. In China breitete sich der Buddhismus aus, der den Menschen Trost spenden sollte. Verheerende Dürrejahre förderten die Expansion der Lehre vom ewigen Frieden. Der Islam jedoch ging einen anderen Weg. Weniger friedfertig sollte er sich mit dem Schwert ausbreiten.

Auch die Heimat der Araber litt unter Trockenheit und ihre Kriegszüge gingen über Europa bis hin zur Iberischen Halbinsel. War die Ursache von kriegerischen Auseinandersetzungen seit Urzeiten teils aus Größenwahn, aber fast immer von Klimaveränderungen ausgegangen, so sollte sich dies in Zukunft

nun langsam ändern. Seit dem frühen Mittelalter spielt das Klima mehr oder weniger eine untergeordnete Rolle. Seither ist es eher der Fall, dass sich die Menschen aus Gründen von religiösen Meinungsverschiedenheiten die Köpfe einschlagen. Von nun an konnte dafür nicht immer nur das Klima verantwortlich gemacht werden, zumal es in das Hoch-mittelalter hinein immer wärmer werden sollte.
Fast auf der ganzen Erde war mittlerweile im Äquatorraum das Klima wieder perfekt geworden. Kräftige Monsunregen machten das Land abermals fruchtbar. Diese idealen Bedingungen sollten nun gleich mehreren Völkern zu Macht und Wohlstand verhelfen. In Mittelamerika erreichte die Kultur der Maja ihren Höhepunkt. Sie gründeten neue Städte, gelangten zu Wohlstand und konnten ein sorgenfreies Leben führen. Ebenso in Peru, wo die Nazca-Indianer mit dem Anbau von Mais, Maniok und Getreide ein Wirtschaftsimperium aufbauen konnten. Doch auch dies war nicht von Dauer. Schon vor 900 n. Chr. blieben die Monsunregen langsam aus und die Indianer mussten um ihr Überleben kämpfen. Wissenschaftler fanden heraus, dass eine verstärkte Sonnenaktivität für die Hitze und Trockenheit im Äquatorraum verantwortlich war. Unsere Erde begann sich langsam aufzuheizen.
Der Nordatlantik, den bisher das Packeis fest im Griff hatte, wurde nun ganzjährig schiffbar. Bis zu den Polen herrschte Tauwetter, was den Weg für neue Eroberer frei machte. Die Wikinger brechen an den Küsten Skandinaviens auf und machen sich auf den Weg über das nun offene Meer und sind als blutrünstige Seefahrer bald in ganz Europa gefürchtet. Doch dank des günstigen Klimas sind sie auch als Pioniere und Entdecker erfolgreich. Über das Nordmeer dringen sie immer weiter nach Westen vor und entdecken das bereits eisfreie, aber noch menschenleere Island. Grönland wird ihre zweite Heimat. An den Küsten und Flüssen entstehen neue Siedlungen.

Auch mitgebrachte Kulturpflanzen haben auf der inzwischen warmen Insel eine Überlebenschance. Da die Warmphase auch weiterhin anhielt, konnten die Wikinger zu einer noch kühneren Entdeckungsreise starten und erreichten Amerika an der Küste Neufundlands, fast 500 Jahre vor Kolumbus.

In ganz Europa stiegen die Temperaturen innerhalb kaum einhundert Jahren um drei Grad an. In einem Bericht aus Nürnberg klagte ein Bürger im Jahre 1022, dass „Menschen auf Straßen vor großer Hitze verschmachten und ersticken". 1135 fiel auffällig wenig Regen. Die Donau soll fast trocken gewesen sein, so dass die Regensburger das Niedrigwasser für den Bau der Steinernen Brücke nutzen konnten. Ansonsten genossen die Leute des zwölften Jahrhunderts das milde Wetter – im Gegensatz zu heute. Die steigende Temperatur führte dazu, dass Wälder nicht mehr nur im Flachland wuchsen, sondern bis zu einer Höhe von 2.000 Metern anzutreffen waren. Die Natur entfaltete sich üppig und die Baumgrenze in den Alpen lag teilweise höher als heute. Getreide, Früchte und Obst gediehen auch in höheren Lagen. Die Zeiten der Not und Entbehrung waren vorbei. Der Ackerbau erlebte einen spürbaren Aufschwung und die Ernten waren gesichert. Da mehr produziert werden konnte, als man brauchte, begann der Handel. Aus Dorfplätzen entstanden Marktplätze und Städte. Drei Viertel der deutschen Städte entstehen im Klimaoptimum des Mittelalters. Kultur und Zivilisation explodierten förmlich. Auch das Heilige Römische Reich Deutscher Nationen erreichte nach der Eroberung Siziliens um 1250 seine größte Ausdehnung. Das „moderne Leben" begann Dank des nun herrschenden günstigen Klimas. Frühling, Sommer, Herbst und Winter folgten einander über Jahrzehnte in einem verlässlichen Rhythmus. Deshalb entstanden auch die Bauernregeln, mit denen man das Wetter zuverlässig vorhersagen konnte. Diese treffen heute allerdings nur noch selten zu, da sich das Klima längst wieder verändert hat.

Doch auch diese Blütezeit sollte nicht allzu lange dauern und unerbittlich wendete sich das Klima abermals: Am 9. September 1302 erfroren die Weinstöcke im Elsass, und nach einem strengen Winter, am 2. Mai 1303, klagten die Bauern in Deutschland über ihr erfrorenes Saatgut. Doch noch ahnten sie alle nicht, wie hart die Zeiten noch werden sollten.

In der zweiten Hälfte des 13. Jahrhunderts wurde es wieder empfindlich kalt. In der Erde begann es wieder zu rumoren und in deren Folge wurden wieder einige Vulkane an unterschiedlichen Orten der Welt aktiv. Den Beginn nachte der Samalas auf Indonesien, der Ätna auf Sizilien brach dreimal aus und 1453 folgte der indonesische Kuwai. Schlussendlich meldete sich auch noch die Isländische Laki-Spalte, die fast ein ganzes Jahr tätig war. Auf der ganzen Welt stieg Jahrzehnte lang Rauch und Asche auf und erreichte wiederum die Stratosphäre, wo sie wieder über einen längeren Zeitraum hängen blieb. Diese Ereignisse sollten das Klima fast 500 Jahre beeinflussen.

Die Entwicklung in ganz Europa erstarrte vor Kälte und bereits Anfang des 15. Jahrhunderts standen Mensch und Natur vor einer großen Herausforderung. Die „Kleine Eiszeit" sollte die längste Kälteperiode seit Ende der letzten Eiszeit werden. Aber nicht nur die Kälte war eine Herausforderung, auch Stürme und Starkregen trugen ihr Übriges zur neuerlichen Klimakatastrophe bei. Megastürme, schwere Unwetter und Überschwemmungen brachten die Menschen in Not und Bedrängnis. Die Not wurde fast unerträglich und abermals öffnete die Religion dem Aberglauben Tor und Tür. Die Menschen glaubten, himmlische Dämonen hätten hierbei ihre Hände im Spiel und die sollten beschwichtigt werden. Außenseiter der Gesellschaft, vor Allem Frauen mussten dann für dieses Unglück herhalten und wurden bezichtigt, einen Pack mit dem Teufel geschlossen zu haben. Eine grauenvolle Hexenjagd begann, bei der über 60.000 Menschen auf dem Scheiterhaufen starben. Doch diese Wetterphänomene waren nicht das Produkt von Dämonen und auch nicht von Menschenhand gemacht, sondern ganz einfach die Natur selbst.

Die Kleine Eiszeit zeigt uns mal wieder deutlich: Nicht Klimaerwärmung, sondern Kaltzeiten bringen der Erde das Unheil. Nur wenn es kälter wird, leidet die Natur, aber genauso auch der Mensch. In Warmzeiten konnte sich das Leben immer wieder erholen. Auch hat es die Menschheit bisher kein einziges Mal geschafft, das Klima positiv zu beeinflussen. Genauso wenig konnte dies durch Hexenverbrennungen im Mittelalter erreicht werden, wie heute durch Förderung erneuerbarer Energien, Einführung einer CO_2-Steuer oder sonstigen Maßnahmen zur Klimaverbesserung, an die sich meist nur Deutschland hält. Länder wie China, Indien oder die USA pfeifen darauf. So wie wir heute wissen, dass Hexenverbrennungen mit Klimawandel nichts zu tun haben, werden unsere Nachfahren auch uns einmal belächeln. Dann wird niemand verstehen, dass wir tatsächlich so naiv waren, zu glauben, das Klima beeinflussen zu können.

Eines der bedeutendsten Unwetter war am 18. August 1586, als ein riesiger Tornado über das Land fegte und in Gent eine Schneise der Zerstörung hinterließ. Die größte Katastrophe seit Menschengedenken, das „Magdalenen-Hochwasser" traf Europa jedoch schon am 22. Juli 1342. Damals starben viele Tausend Menschen. Dörfer, Städte, ja ganze Landstriche wurden überschwemmt. Dieses Desaster betraf das damalige ganze Heilige Römische Reich nördlich der Alpen. Allen in der Donauregion wurden über 6.000 Menschen Opfer der Fluten und am Main bei Frankfurt stieg der Pegel auf fast acht Meter.

Unwetter und Nässe brachten den Menschen Not und Verderben. Wieder blieben Ernten aus oder verfaulten und auch die Pest kehrte zurück. Während die Bevölkerung im Hochmittelalter förmlich explodiert war, schrumpfte sie in der „Kleinen Eiszeit" wieder um über ein Drittel.

Seltsam ist, dass sich genau die größten Katastrophen während einer Kaltzeit ereigneten. Dies widerspricht den Aussagen unserer Wissenschaftler und Klimaforscher, die behaupten, dass eine Klimaerwärmung solche Ereignisse mit sich bringen würde. Sei's wie es sei, Unwetterkatastrophen lassen sich über längere Zeit genau so wenig vorhersagen wie ein Wetterbericht über mehrere Wochen. Genauso ist es mit der Bevölkerung. Während sie in der Kaltzeit erheblich zurückgegangen ist, explodiert auch sie in unserer heutigen Warmphase förmlich.

Es sollte damals aber noch schlimmer kommen, denn die Temperaturen sanken rapide weiter. In den Alpen, in Skandinavien und selbst in Amerika schoben sich die Gletscher immer weiter vor. In den Alpen begruben dicke Eiszungen ganze Ortschaften unter sich, so Chamonix in Frankreich, oder schnitten wichtige Versorgungswege ab, Grönland und Island vergletscherte wieder fast ganz.

Aber mit dem Klima veränderte sich auch diesmal wieder die politische Großwetterlage. In ganz Europa machten sich Unruhen breit. Wegen der Missernten hungerte das Volk, während der Adel noch im Überfluss lebte. Das mühsam hergestellte politische Gleichgewicht brach in sich zusammen und endete im 30-jährigen Krieg, in den schließlich der gesamte Kontinent verstrickt wurde. Auch die Ursache dieses Krieges lag wiederum am Klimawandel, der an diesen Umständen schuld war. Wäre die Warmzeit und damit der Wohlstand so weiter gegangen, hätte niemand Grund zum Aufruhr gehabt.

1815 hatte die „Kleine Eiszeit" ihr Finale, als in Indonesien der Vulkan Tambora ausbrach und 70.000 Menschenleben forderte. Dabei stieg so viel Asche in die Startsphäre, dass sich der Himmel verdunkelte und die Temperaturen um durchschnittlich vier Grad sanken. Das darauf folgende Jahr 1816 ging in Europa und Nordamerika als „Jahr ohne Sommer" in die Geschichte ein. Wieder folgten hauptsächlich in Europa, aber auch weltweit große Hungersnöte, die Not und Verderben brachten und denen viele Menschen zum Opfer fielen. Diese „Kleine Eiszeit" führte in Deutschland zur ersten Auswanderungswelle nach Amerika.

In Mitteleuropa kam es zu schweren Unwettern. Zahlreiche Flüsse traten über die Ufer. In der Schweiz schneite es jeden Monat mindestens einmal bis auf 800 m Meereshöhe und am 2. und 30. Juli bis in tiefe Lagen. Anfang Juli und Ende August 1816 gab es im Nordosten der Vereinigten Staaten Nachtfrostperioden. Im Osten Kanadas fiel Schnee, der in Québec eine Höhe von 30 Zentimetern erreichte. Die Folge der niedrigen Temperaturen und anhaltenden Regenfälle waren katastrophale Missernten. Russland hatte diese Katastrophe weniger zu spüren bekommen.

Das Königreich Württemberg war besonders schwer betroffen. König Wilhelm I. und seine Frau Katharina riefen 1818 das „Landwirtschaftliche Fest zu Cannstatt" ins Leben, um die darbende Bevölkerung zu unterstützen.

Zur Hungersnot in der Bevölkerung kam noch die Belastung durch die Kriege Napoleons, an denen viele Deutsche auf mehreren Seiten beteiligt waren.

In Unterlagen des Stadtarchives Freudenstadt ist von einer Reihe von Missernten zu lesen. Die Stadt sah sich damals sogar genötigt, eine Suppenanstalt unter den Ärmsten der Armen einzurichten, da sich diese nicht einmal mehr Brot leisten konnten. Vom ausgesäten Getreide wurde damals nur etwa ein Viertel richtig reif und ein weiteres Viertel gab eine schlechte Frucht, heißt es in einem Gerichtsprotokoll vom 25. Nov. 1816.

Der „Becker und Bierbrauer" Daniel Schubert aus dem Ortsteil Aach entwickelte zu dieser Zeit ein Brot, das zum Teil aus Malzschlamm bestand. Als Frühstück diente den Armen damals ein „Absud aus Heublumen und getrockneten Kräutern". Die fast zu Gerippen abgemagerten Menschen ernährten sich von Wurzeln und Kräutern.

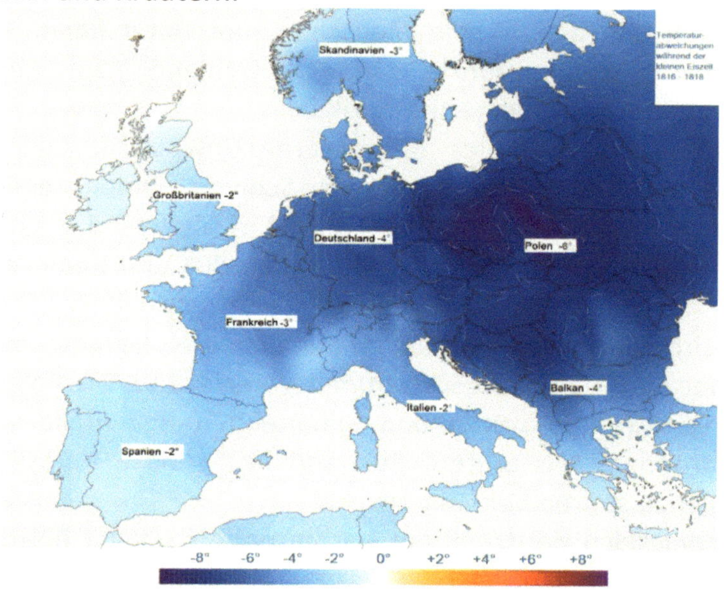

Vergleich der Temperaturen 1816 zu den Durchschnittstemperaturen Ende des 20. Jahrhunderts.

Im April 1817 forderte die württembergische Regierung die Bauern auf, „Früherdbirnen" (Kartoffeln) zu pflanzen, die zu Jakobi, also Ende Juli geerntet werden konnten. 1817 fiel die Ernte wieder besser aus, so dass die Suppenanstalt wieder geschlossen werden konnte.

Ab 1850 lenkte das Klima wieder ein, wurde freundlicher und sollte bis heute stabil bleiben. Doch seit 1850 wurde es auch von Jahr zu Jahr wärmer was wir heute als den eigentlichen „von Menschen gemachten Klimawandel" bezeichnen. Wenn auch tagtäglich von Horrorszenarien berichtet wird, was das Wetter anbelangt, so haben wir doch die Temperaturen des Mittelalters noch lange nicht erreicht und es müsste alles noch viel schlimmer werden. Doch von den für die Zukunft prognostizierten Szenarien ist uns aus dem viel wärmeren Mittelalter nichts bekannt. Unwetter, Starkregen und Trockenheit müssten demnach schon damals unangenehme Begleiterscheinungen gewesen sein. Doch von Wetterkapriolen während dieser Warmzeit ist nichts bekannt. Ist dies alles nur Getue, um uns zu verunsichern?

Nicht zu bestreiten ist allerdings, dass es seit dem es wieder wärmer geworden ist stetig aufwärts geht, und dies nicht nur in Europa sondern weltweit. Das Industriezeitalter begann als die Kälte zu Ende war, und der technische Fortschritt sichert seither den Aufstieg der Industrienationen - wieder dank des günstigen Klimas.

Auch weitere schwere Vulkanausbrüche konnten diese Entwicklung nicht bremsen. So 1980 der Mount St. Helens in den USA, dessen Gipfel auf 400 m Höhe weggesprengt wurde oder 1985 der Nevado del Ruiz in Kolumbien, dessen Asche fast 25.000 Menschen unter sich begrub. Der heftigste Vulkanausbruch im 20. Jahrhundert war 1991 der Pinatubo auf den Philippinen. Seine Klimaauswirkungen waren auf der ganzen Erde zu spüren.

Wie wirkt sich solch eine Katastrophe überhaupt auf das Klima aus? Manche Eruptionen emittieren riesige Mengen Schwefeldioxid in die Atmosphäre. So wurden z.B. beim Ausbruch des Pinatubo rund 17 Millionen Tonnen Schwefeldioxid freigesetzt, was in der Stratosphäre in 20 bis 40 km Höhe Schwefelsäuretröpfchen bildet. Diese werden durch die Winde über den ganzen Globus verteilt und können jahrelang um die Erde wandern. Dort absorbieren sie Teile des Sonnenlichtes, was zu einer Abkühlung und zu einer Veränderung des Wetters führt.

Seit 1850 wurde es auf der Erde immer wärmer. Ist dies ein Grund zur Besorgnis? Wohl kaum. Wir haben gesehen, dass sich eine Erwärmung der Erde bisher meist immer zum Segen von Natur und Menschheit entwickelte, während kältere Zeiten immer nur Unheil brachten. Ist alles Gerede vom Klimawandel nur Panikmache? Jedes Klima verändert die Erde und auch die Erdgeschichte und niemand kann die Entwicklung des Klimas vorhersagen. Sicher müssen wir auf unsere Umwelt achten und sind hier in den letzten Jahren auch einige Schritte weiter gekommen. Schädliche Gase schaden auf jeden Fall der Umwelt und noch nie gab es so viele Menschen auf der Erde wie heute. Aber wir haben nicht zu befürchten, dass wir Menschen einen Klimawandel herbeiführen können, weder in Richtung einer weiteren Erderwärmung noch einer Abkühlung der Atmosphäre. Die Erde regelt dies immer wieder selbst, so wie sie es bisher schon in Millionen von Jahren auch getan hat. Und es gab sicher schon schwierigere Phasen im Erdzeitalter, was das Klima anbelangt.

Wir haben gesehen, dass Warmphasen immer positiv für die Entwicklung von Mensch und Natur waren und Kaltzeiten die Entwicklung negativ beeinflussten. Forscher und Naturschützer behaupten allerdings genau das Gegenteil. Nach deren Ermessen soll die Weiterentwicklung unserer heutigen Warmzeit zukünftig nur Katastrophen wie Stürme, Überschwemmungen, Dürren, Hungersnöte und Artensterben mit sich bringen, doch was ist richtig? Wir werden es sehen, wenn es soweit ist. Die Erde oder auch die Natur haben schon viel größere Katastrophen bewältigt als wir Menschen sie jemals herbeiführen können. Genau so wenig wie wir einen Anstieg der Temperatur in den letzten Jahren verhindern konnten, können wir auch eine Senkung dieser nicht herbeiführen. Vor allem sollten wir uns nicht anmaßen, das Klima in großem Stil beeinflussen zu können. Der Mensch kann auch niemals die Erde zerstören – höchstens sich selbst - die Menschheit!

Ein kleiner Überblick von Naturkatastrophen soll zeigen, dass diese meist in kalten Phasen auftraten. In den Warmzeiten war die Natur „gnädiger" zu den Menschen und zu sich selbst.

Wie die Graphik auf Seite 40 zeigt, fällt die erste konkret überlieferte Sturmflut, die „Julianenflut" 1164, bei der 20.000 Menschen starben zwar in die mittelalterliche Warmzeit, aber das Klima hatte sich um 1250 kurzfristig stark abgekühlt. Durch Landverluste bildete sich damals der Jadebusen. Weitere schwere Sturmfluten ereigneten sich ebenfalls nach erneuten Abkühlungen: 1219 die „Marcellusflut" mit 50.000 Opfern, bei der das Ijsselmeer, ebenfalls durch Landverluste, entstand. Bei der „Allerkindleinsflut" 1248 war die Opferzahl „extrem hoch" und diese trennte die Westfriesischen Inseln vom Festland. Bei der Allerheiligenflut 1304 hatte die Temperatur einen Tiefststand erreicht. Nach tagelangen starken Westwinden in der mittleren und nördlichen Ostsee ergoss sich das angestaute Wasser nach einem Umschwung auf Nordost schlagartig über die pommersche Küste   (Badewanneneffekt). Rügen und Usedom hatten Landverluste zu beklagen. Auch das „Magdalenenhochwasser" 1342 ereignete sich nach einer kurzen Abkühlung. In der „Kleinen Eiszeit" dann ereigneten sich die meisten Strurmfluten und Überschwemmungen. So z. B. die „Allerheiligenflut" 1570, bei der fünf Sechstel von Holland überschwemmt waren oder die Thüringer Sintflut 1613, bei der das Wasser der Saale um acht Meter anstieg. Auch die Eisflut 1626 hinterließ große Schäden an der Nordseeküste. Die „Kleine Eiszeit" brachte strenge Winter, Stürme, Sturmfluten und Überschwemmungen, die damals häufiger auftraten.

Klimawandel und Wirklichkeit

Klima ist reine Gefühlssache und jeder Mensch empfindet dies anders. Der Eine mag Wärme und erträgt die Hitze besser als der Andere, der sich in der Kälte wohlfühlt. Doch ein mildes Klima kommt allgemein besser an als ein raues. So erscheinen unseren Vorfahren auch milde Winter besonders erinnerungswert gewesen zu sein. Zum Winter von 1289 wird z. B. Anfang des 19. Jahrhunderts von Johann Peter Hebel erwähnt: „Die Jungfrauen trugen an Weihnachten und am Dreikönigstag Kränze von Veilchen, Kornblumen und anderen." Der Winter und das Frühjahr 1420 seien so mild gewesen, dass im März schon die Bäume verblüht und im April schon die ersten Kirschen reif waren. Auch der Winter 1538 soll so ungewöhnlich warm gewesen sein, dass um Weihnachten alle Blumen geblüht hätten. Das Jahr 1539 war milde. In Spanien war es sehr trocken und in Italien war es laut einer Wetterchronik im Winter „wie im Juli". Im Dezember regnete es nördlich der Alpen viel und das Jahr verabschiedete sich mit stürmischem mildem Westwind. Doch wie kostbar dieser Dezemberregen war, ahnten die Menschen damals hierzulande noch nicht.

Wie Wissenschaftler berichten, begann dann im Januar 1540 „eine Trockenheit, wie sie in ganz Mitteleuropa seit Menschengedenken noch nie da gewesen war". Anfangs war dies den Menschen recht, denn es gab keinen Schnee, doch die nächsten elf Monate regnete es dann kaum. Der Boden trocknete aus. Ein Winzer aus dem Elsass, Hans Stolz, notierte dazu: „Es regnete nur mal drei Tage im März". Dreimal so viele Tage wie üblich waren wärmer als 30 Grad, was zu einer Katastrophe führte. Viele Menschen und Tiere verdursteten. Deren Gesamtzahl ist nicht bekannt, lässt sich jedoch erahnen, denn im Hitzesommer 2003 starben in Mitteleuropa schätzungsweise 70.000 Menschen trotz moderner Zivilisation. Ob dies nun wirklich an der Hitze gelegen hat, lässt sich natürlich nicht nachweisen. Sehr wahrscheinlich wären diese Menschen auch bei kälteren Temperaturen gestorben. Diese angenommene Zahl ist jedoch Wasser auf die Mühlen der Klimahysteriker.

Das Trinkwasser wurde knapp. Alleine an der Ruhr starben tausende Menschen an verunreinigtem Grundwasser. Die Insel Lindau im Bodensee war zu Fuß zu erreichen, da der Pegel des Bodensees soweit gesunken war. Die Flüsse wurden immer schmaler und Bäche trockneten vollständig aus. Wie Zeitzeugen berichteten, waren selbst große Ströme wie Rhein und Elbe „so klein, dass man zu Fuß durchging". 2003 führten die Flüsse zwar nur noch die Hälfte der üblichen Wassermenge, doch 1540 soll dies nur etwa ein Zehntel gewesen sein.

Mit der Dürre einher ging das Feuer. Bei den staubtrockenen Böden und den dürren Wäldern loderten heftige Brände übers Land, wovon auch ganze Dörfer betroffen waren. Grauer Rauch verhüllte wochenlang die Landschaft, denn diesen Bränden konnte man damals nicht mehr Herr werden.

Der nächste längere Regenguss kam erst wieder 1541.

Das Jahr 1540 brach alle bisher bekannten Rekorde an Trockenheit und Hitze. Von Klimaforschern wird zwar immer wieder behauptet, der Sommer 2003 sei der heißeste seit den Wetteraufzeichnungen gewesen. Doch dies ist ein bisher wenig bekannter Irrtum, denn der Sommer 1540 hat diesen in punkto Trockenheit und Hitze weit übertroffen. Alte Aufzeichnungen von Kirchen, Landwirten oder auch Schleusenwärtern aus ganz Europa bestätigen dies. Auch die Behauptung, dass das heiße Jahr 2003 teilweise auf den von Menschen gemachten Klimawandel zurückgehe ist sehr wage, denn 1540 war die Hitze ohne menschlichen Einfluss noch viel schlimmer. Doch diese Tatsache wird von Klimaforschern weitestgehend ignoriert, denn dies weiter zu verfolgen wäre kontraproduktiv in punkto Klimawandel der Neuzeit.

Desgleichen im Winter 1572 sollen im Januar die Bäume ausgeschlagen haben und im Jahre 1585 habe das Korn schon um Ostern in den Ähren gestanden. Von weiteren besonders warmen Wintern lesen wir in den Jahren 1617, 1659, 1722 und 1748. Alle diese Jahre, diese Winter, waren noch vor der Industrialisierung, also noch bevor der Mensch den Wandel des Klimas beeinflusst haben könnte.

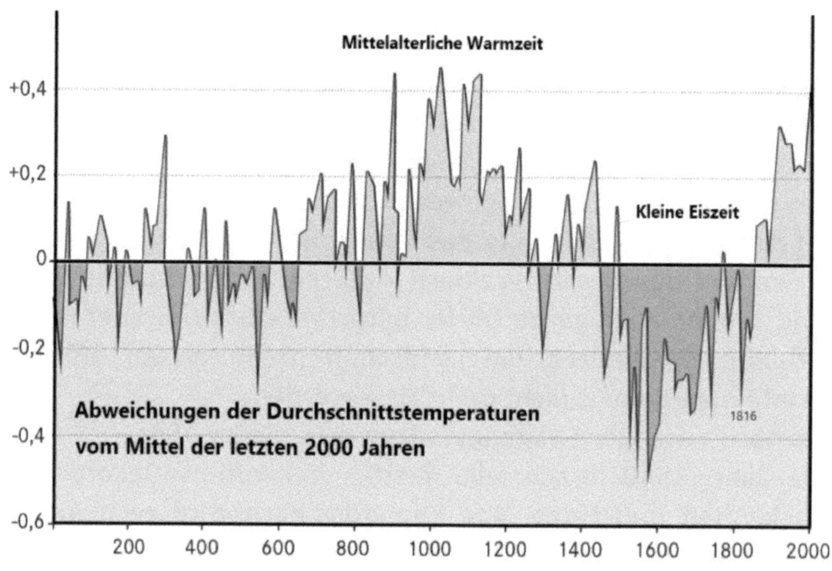

Die Temperaturen der letzten 2.000 Jahre: Im Mittelalter war es trotz des fehlenden CO_2 Ausstoßes wärmer als heute. Danach wurde es außergewöhnlich kälter. Somit ist es ganz normal, dass die Temperatur nach einer Kälteperiode nur wieder ansteigen kann.

Ebenso gibt es natürlich auch kalte Jahre. Vom Winter 1740/41 wird überliefert, dass damals ganz Europa im Frost erstarrt war. Von Moskau bis zum Rhein soll der Boden „drei Ellen tief" gefroren gewesen sein. Desgleichen wird 1812/13und 1815/16

40

über einen kalten Winter berichtet und auch der Kriegswinter 1941/42 brachte den Erfrierungstod für viele tausend Soldaten. Aus Johan Peter Hebels Wetterchronik erfahren wir, dass es bis 1850 über etwa drei Jahrhunderte lang mehr oder weniger ziemlich kalt gewesen sei. In diesem Jahr ging nämlich die bereits erwähnte sogenannte „Kleine Eiszeit" mit Hunger, Not und Elend zu Ende. Dieser Prozess ist europa- und weltweit dokumentiert.

Kommen wir in heutiger Zeit wieder zu den „normalen" Temperaturen zurück, muss es natürlich zwangsweise wärmer werden. Und genau so war ja auch der Temperaturverlauf der letzten 150 Jahre!

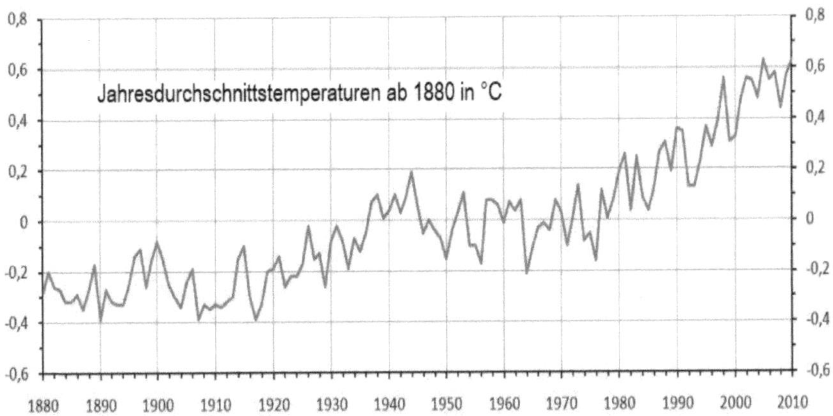

Die Durchschnittstemperaturen sind von 1880 bis 2010 um 0,7° C angestiegen. Nach dem 2. Weltkrieg ist ein leichter Knick in der stetig ansteigenden Kurve feststellbar.

Außergewöhnliche Jahre und Jahrzehnte, ob warm oder kalt, hat es also schon immer gegeben. Wie uns die Erdgeschichte lehrt, gibt es kein dauerhaftes Klima, ja es ist einen andauernden Wechsel unterworfen. Dies spielt auch keine Rolle, denn es ist alles schon einmal dagewesen, ohne dass der Mensch etwas dazu getan haben könnte.

Vor einigen Millionen Jahren hatten wir in unseren Breiten schon einmal ein heißes und trockenes Wüstenklima und erst vor ungefähr 15.000 Jahren endete die letzte Eiszeit. Von einer globalen Erwärmung in neuester Zeit kann man auch nur dann reden, wenn man nur die letzten 150 Jahre betrachtet. Seither ist die Temperatur tatsächlich um etwa 0,7°C gestiegen. Aber was zeigt die langjährige Klimaentwicklung besser, 150 Jahre oder ein längerer Zeitraum? Betrachtet man die Temperaturen über Jahrtausende, und was sind da schon 2.000 Jahre im Vergleich zur Weltgeschichte, können wir anhand der folgenden Graphik feststellen, dass sich die Durchschnittstemperaturen zwar immer wieder geändert haben, aber mal war es wärmer, und mal kälter als heute.

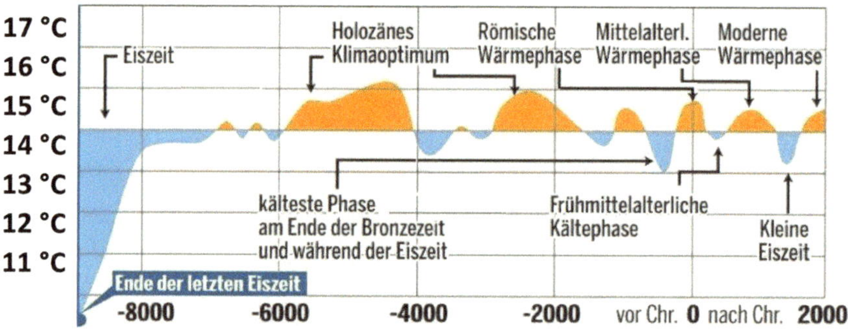

Die Temperaturen der letzten 11.000 Jahre (Holozän) zeigen die Temperaturschwankungen noch deutlicher. Die heutigen Temperaturen geben also keinen Anlass zur Besorgnis. In der „heißesten Phase" vor 4.500 Jahren ist die Welt auch nicht untergegangen.

Im Mittelalter hatten wir über 300 Jahre eine Warmzeit, in der die Temperaturen über den heutigen lagen. Danach gab es eine „Kleine Eiszeit" in der es im Durchschnitt um 1°C kälter wurde. Mal fiel die Temperatur, mal stieg sie, wie immer. Vor 1850 ist es auf der Nordhalbkugel über etwa drei Jahrhunderte während

42

der "kleinen Eiszeit" mehr oder weniger kälter gewesen, mit mehreren Minima, einem markanten Minimum aber eben um 1850. Abgesehen von kurzen Kälteperioden zwischendurch ist es seit 1850 trendmäßig, wärmer geworden, seit 1998 nicht mehr, obwohl der CO_2 Ausstoß weiter gestiegen ist. Er wird wahrscheinlich auch in nächster Zeit noch weiter steigen. Das Paradoxe ist, dass die IPCC-nahen Institute (im Deutschen als Weltklimarat bezeichnet) seit 1998 sogar eine leichte Abkühlung der globalen Temperaturen von ein bis zwei Zehntel Grad nachgewiesen haben. So gesehen würden wir uns zurzeit auf einem sogenannten Temperaturplateau befinden. In welcher Richtung es wirklich weiter geht, können uns nicht einmal die kühnsten Forschungen sagen. Nur wenn man von dem deutlich sichtbaren Kältetief um 1892 ausgeht, beträgt der Anstieg auf das heutige Niveau etwa 1°C. Haben wir nun damit einen Hinweis auf den Treibhauseffekt? Keinesfalls, aber auf jeden Fall ein durchschlagendes Argument, das es gilt, politisch auszunutzen. Und hier scheinen wiederum die Deutschen am empfänglichsten, sozusagen „Weltmeister" zu sein. Es scheint, Deutschland wolle fast alleine versuchen, die Welt zu retten. Andere Nationen wie China, Indien oder die USA sehen dies viel gelassener. Die CO_2-Klimahysterie ist in Deutschland wohl am stärksten ausgeprägt und wird von skrupellosen Profiteuren auch noch materiell und ideologisch unterstützt.

Der Grund liegt allerdings nicht daran, dass, sieht man von der Arktis einmal ab, die globale Erwärmung des 20. Jahrhunderts ihr „Zentrum" ausgerechnet in Mitteleuropa hat, denn dies wissen die Wenigsten. Hier stieg die Temperatur um ca. 1°C, global erhöhte sich die Temperatur nur um 0,7°C. Bisher ist allerdings keine schlüssige Antwort auf die Frage bekannt geworden, warum ausgerechnet im umweltbewussten Deutschland die Erwärmung erheblich über fast allen anderen Regionen der Erde liegt.

Wir sehen, die bisherigen Temperaturschwankungen liegen bis jetzt noch im normalen Bereich, zumindest langfristig gesehen. Was ist nun dran an Horrorszenarien, vor denen immer wieder gewarnt wird: Das Abschmelzen der Pole und der Gletscher, dadurch ein Anstieg des Meeresspiegels, der Zusammenbruch des Golfstroms, was zu einer totalen Änderung des Klimas auf der nördlichen Erdhalbkugel führen würde, verheerende und häufiger werdende Unwetter und Naturkatastrophen, Verschiebung der Klimazonen, oder Bedrohung der Wälder?
Steigt der Meeresspiegel wirklich, wenn die Pole abschmelzen? Von Klimaforschern wurde uns bisher immer wieder prophezeit: Sollten die Pole der Erde völlig abschmelzen, würde der Meeresspiegel um 66 Meter steigen. Die Niederlande und Dänemark und selbst Berlin lägen vollständig unter Wasser, Ebenso Venedig, London oder New York und Dortmund wäre eine Küstenstadt.
Im Mai 2013 hatte die CO_2-Konzentration in der Atmosphäre 400 ppm (Teile pro Million Luftpartikel) erreicht. Solch einen hohen Wert gab es zuletzt vor drei Millionen Jahren. Damals war die Nordhalbkugel weitestgehend eisfrei und der Meeresspiegel lag etwa 20 Meter über dem heutigen Stand. Ob dies an den abgeschmolzenen Polen lag, oder an der Beschaffenheit der Erdkruste kann nicht mehr genau gesagt werden. Deshalb klaffen die Prognosen für die Zukunft auch weit auseinander.
Die globale Erwärmung beeinflusst den Meeresspiegel auf zweierlei Weise. Etwa ein Drittel des Anstiegs soll darauf zurückzuführen sein, dass sich Wasser beim Erwärmen ausdehnt. Nicht beachtet wurde hierbei, dass diese Erwärmung nur an der Oberfläche stattfindet, in den Tiefen der Ozeane bleibt die Temperatur konstant. Außerdem ist dies bei einem oder zwei Grad kaum messbar. Die restlichen zwei Drittel

wären dann auf das Abschmelzen des Inlandeises, vor Allem der Gletscher Grönlands und der Antarktis zurückzuführen.

All diese Spekulationen sind mit der Wirklichkeit überhaupt nicht vereinbar, denn die nordpolare Eisdecke soll angeblich in den letzten 20 Jahren um 40% abgenommen haben. Wenn wir dem, trotz unbestätigten Meldungen einmal Glauben schenken wollen, was ist dann mit dem Meeresspiegel passiert? Zumindest angestiegen ist er nicht. Durch Satellitenmessungen wurde sogar nachgewiesen, dass der globale Meeresspiegel in den letzten zwei Jahren um fast einen halben Zentimeter gesunken ist. Vielmehr wird der Meeresspiegel durch tektonische Prozesse wie Hebungen und Senkungen des Meeresbodens oder durch Windströmungen beeinflusst. Der Klimawandel ist da nur einer von vielen Faktoren. Gut, unbestritten ist dass die zurzeit verhältnismäßig kleinen Eiskappen der Pole in den letzten Jahren zurückgegangen sind. Über die Größen, in welchen dies vor sich ging, liegen verschiedene Messungen und Ergebnisse vor. Dies verändert sich natürlich auch ständig. Aber der Meeresspiegel ist trotzdem nicht gestiegen. Dies ist ja auch, zumindest bei den „schwimmenden" Eismassen des Nordpols, nicht möglich, denn wenn Wasser gefriert, dehnt es sich um ein Siebtel aus. Da sich das Gewicht jedoch nicht verändert, hebt sich das Eis genau um dieses Siebtel aus dem Wasser. Bei einem Eisberg sind immer sechs Teile unter dem Wasserspiegel und ein Teil darüber. Schmilzt nun dieses Eis, das sich vor Jahrtausenden gebildet hat wieder, kehrt es zu seinem ursprünglichen Volumen zurück. Das flüssige Wasser hat dann nur noch sechs Siebtel der Größe des Eises, also genau das Volumen, das vorher unter dem Wasserspiegel lag. Somit verändert sich der Meeresspiegel auch nicht im Geringsten. Wer dies nicht glaubt, kann folgendes Experiment selber einmal durchführen: Legt man einen Eiswürfel in ein Glas und füllt es anschließend bis zum Rand mit

Wasser, so ragt der Eiswürfel um ein Siebtel seiner Größe über den Rand des Glases hinaus. Schmilzt das Eis, verschwindet der Eiswürfel langsam, aber das Glas läuft nicht über, der Wasserspiegel im Glas verändert sich nicht.

Zugegeben, anders würde dieses Spiel beim Südpol aussehen, denn das Eis der Antarktis liegt zumeist auf dem Festland. Ebenso die Gletscher Grönlands, der Alpen oder sonstiges Festlandeis. Doch Messungen haben ergeben, dass sich das Südpolarmeer entgegen dem globalen Trend der vergangenen Jahre nicht erwärmt hat. Es trifft eher das Gegenteil zu, denn das Meereis hat sich dort sogar leicht ausgedehnt.

Bei der Erwärmung der letzten 150 Jahre wäre die mittlere Null-Grad-Grenze allerdings nur um etwas über 100 Meter gestiegen, was ein Rückgang des Eises nur im unteren Bereich ausgemacht hätte. Die Antarktis wäre noch gar nicht erreicht. Kyle Armour von der University of Washington in Seattle berichtet im Fachjournal „Nature Geoscience": Es werde Jahrhunderte dauern, bis das Südpolarmeer auf die globale Erwärmung mit einem deutlichen Temperaturanstieg reagiere, denn erst müssten tiefere Wasserschichten der Ozeane aufgeheizt werden, erst dann folgt die Oberfläche des Südpolarmeers. Das dauert seine Zeit und bis dahin ist auch der angebliche Klimawandel wieder passee.

Trotzdem kann beobachtet werden, dass nicht nur die unteren Gletscher schmelzen, sondern auch die weit höher liegenden und auch das Eis der Pole. Die Ursache hierfür muss also woanders liegen. Ein Grund könnten weniger Niederschläge sein. Aber auch Ruß, Staub und „Schmutz" lagern sich auf dem Eis ab und machen es dunkler. Dunkles Eis absorbiert wiederum mehr Sonnenstrahlen und damit Wärme als schneeweißes. Die in Wärme umgewandelte Strahlung lässt das Eis tauen. Ruß und Staub gibt es allerdings nicht erst in der Neuzeit. Schon vor der Industrialisierung entstanden diese durch Vulkanausbrüche,

Staubstürme oder große Waldbrände. Würde nun dieses Eis der Antarktis und der Gletscher ebenfalls komplett abschmelzen, könnte der Meeresspiegel tatsächlich etwas steigen. Allerdings hätte dieses Wasser nur das Volumen von sechs Siebteln des Eises und außerdem würde es ja laut Prognosen bei einer Klimaerwärmung mehr Niederschlag geben. Dies würde wiederum bedeuten, dass die Gletscher wieder wachsen könnten, bzw. sich mehr Wasser im Umlauf, in der Atmosphäre befindet. Infolge dessen gäbe es mehr Wolken, die Unmengen von Wasser in sich tragen und auch die Erde würde bei häufigeren Niederschlägen wieder mehr speichern. Mehr Wasser in der Atmosphäre würde aber auch bedeuten, dass weniger Sonnenstrahlen auf der Erde ankommen würden und infolge dessen müsste es ja wieder kälter werden. Außerdem werden die Polkappen und die Gletscher auch in den nächsten 1.000 Jahren nicht ganz abschmelzen, denn dazu müsste es wesentlich wärmer werden, nicht nur um wenige Zehntel Grade.

Daraus lässt sich schließen: Das Abschmelzen der Pole, bzw. der Gletscher ist reine Schwarzmalerei. Das Eis der Pole und auch die Gletscher waren zwar noch vor 150 Jahren größer als heute. Damals ging ja bekanntlich auch gerade die „Kleine Eiszeit" zu Ende und deshalb lässt sich dies leicht erklären. Allerdings war der Meeresspiegel während der Kaltzeit trotzdem nicht niedriger, was wiederum die These vom etwa gleichbleibenden Wasserspiegel stärkt. Der Meeresspiegel ändert sich nur, wenn ganze Kontinente mit einer hunderte Meter hohen Eisschicht überzogen sind. Dann fällt natürlich zwangsweise auch der Meeresspiegel wie in den Eiszeiten.

Als tragisch wird auch der Rückgang der Eisschilde auf Grönland beschrieben. So tauten hier z.B. im Jahre 2005 etwa 220 km^3 Eis. Über Satelliten gemessen, beträgt der Masseverlust des Grönlandeises durchschnittlich 179 Milliarden Tonnen jährlich.

Dieses Wasser fließt ins Meer und das Meer steigt immer noch nicht merkbar!

Grönland war ja auch nicht schon immer vollständig mit Eis bedeckt. Zumindest die Nordhalbkugel unserer Erde erlebte etwa zu Christi Geburt eine kleine Warmzeit, die es den Römern ermöglichte, bis nach England vorzudringen. Danach wurde es kälter. Die sinkenden Temperaturen in Nordeuropa veranlassten die Germanen vor allem in Skandinavien, in den Süden zu ziehen. Die im Jahr 375 einsetzende Völkerwanderung war eine eindeutige Reaktion auf eine beginnende Kaltzeit.

Diese Kaltzeit dauerte rund 500 Jahre und endete etwa um 800. Eine neue Warmzeit begann, die es den Wikingern ermöglichte, Grönland zu besiedeln. Als diese dort landeten, war es ein grünes Land, zumindest in den Küstenregionen. Wäre es vollständig mit Eis bedeckt gewesen, hätte sich dort wohl niemand niedergelassen. Erik der Rote musste 982 aus Island fliehen und landete schließlich im Südwesten Grönlands. Er gab der Insel ihren Namen Grænland. (altnordisch für „Grünland")

Dies ist darauf zurückzuführen oder auch der Beweis dafür, dass aufgrund der mittelalterlichen Warmzeit im Küstengebiet eine üppigere Vegetation entstehen konnte. Von Grönland aus besuchte Leif Eriksson im Jahr 992 Nordamerika, von dem er durch einen Händler gehört hatte. Er landete im heute kalten Neufundland und fand dort wilden Wein vor, so dass er den Landstrich „Vinland" nannte. Während dieser warmen Periode wuchsen im Rheinland Feigen und Oliven, und am Niederrhein und in England wurde Wein angebaut.

Um 1300 machte sich eine neue Kaltzeit bemerkbar, die die Wikinger zwang, Grönland aufzugeben. Am kältesten wurde es zwischen 1500 und 1700 in Mitteleuropa. Damals stieg die Temperatur im Sommer gelegentlich nur bis etwa 15°C. Ernten fielen aus und Hungersnöte suchten die Menschen heim. Der Bodensee fror häufig zu und auch im Hochsommer war Schnee keine Seltenheit. In dieser Zeit änderten sich die Temperaturen von Jahr zu Jahr dramatisch, während der CO_2-Gehalt wiederum nahezu konstant blieb. Auch der Menschheit kann hier beim besten Willen keine Schuld zugeschrieben werden, denn von einer Industrialisierung war man noch weit entfernt.

Ab 1700 sind die Temperaturen wieder allmählich angestiegen, doch eine Naturkatastrophe sorgte für einen Zwischenstopp. Die Explosion des isländischen Vulkans Laki im Jahr 1783 brachte ein Temperaturtief, dessen Auswirkungen bis Ägypten reichten. Dort gab es im Jahr 1784 eine Hungersnot, weil im Bereich der Nilquellen wegen der verdunkelten Atmosphäre der Regen ausblieb und damit der notwendige Nilschlamm zur Düngung der Felder fehlte. Der Laki hatte länger als ein Jahr Hunderte von Millionen Tonnen Staub und Gase in die Atmosphäre geblasen. Sie hielten die Sonnenstrahlen fern und ließen die Erdoberfläche abkühlen. Danach erfolgte der Temperaturanstieg erst langsam, dann rascher. Dieser Temperaturanstieg lässt sich auch für den Laien anhand alter Bilder von Alpengletschern ganz einfach nachvollzeihen.

Dass die Gletscher z. B. in unseren Alpen früher wesentlich kleiner waren und in der „kleinen Eiszeit" ihre maximale Größe, zumindest seit einer Besiedelung der Alpen erreichten, um heute wieder zurückzugehen, lässt sich ebenfalls leicht beweisen. Auf Bildern aus dem 19. Jahrhundert findet man oft Bergdörfer, z. B. Chamonix in Frankreich, die sich direkt an der Gletscherzunge befinden. Wohl niemand baut sein Haus direkt am Ende eines Gletschers, da man nie weiß, wie sich das Eis in Zukunft verhalten wird. Als das Dorf gegründet wurde, befand sich das Ende des Gletschers viel weiter oben und erst im 19. Jahrhundert ist er auf solche Größe angewachsen, dass er bis fast an die Häuser heran reichte. Die Menschen dort waren bestimmt erleichtert, als sich das Klima wieder wandelte.

Ganz deutlich zeigt sich dieses Bild beim Rhonegletscher, dem am leichtesten zugänglichen Gletscher der Schweiz.

Um 1870 erreichte der Rhonegletscher fast die Mauern der Hotels von Gletch und bedrohte das Dorf.

Bereits um 1900 ist das Eis des Rhonegletschers soweit zurückgegangen, dass es keine Bedrohung mehr darstellte.

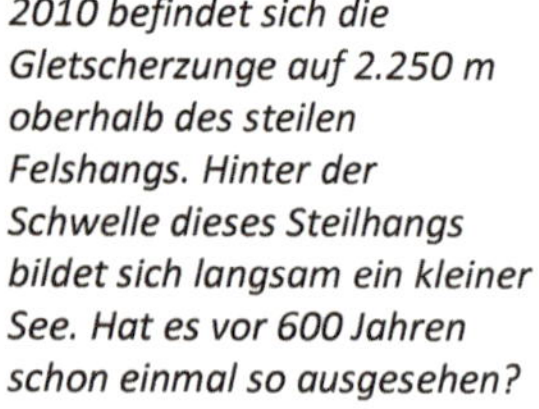

2010 befindet sich die Gletscherzunge auf 2.250 m oberhalb des steilen Felshangs. Hinter der Schwelle dieses Steilhangs bildet sich langsam ein kleiner See. Hat es vor 600 Jahren schon einmal so ausgesehen?

Während des Hochstadiums der Kleinen Eiszeit im 19. Jahrhundert und sogar noch bis zum Anfang des 20. Jahrhundert reichte dieser Gletscher über den Steilhang, der sich unterhalb der heutigen Zunge befindet, hinunter bis in die Talebene von Gletsch auf rund 1.800 Meter über Meereshöhe. Kurz vor den Mauern der Hotels dieses Alpenortes machte er Halt.

Die maximale Ausdehnung im Jahre 1856 ist noch heute anhand der glattgeschliffenen kahlen Felsen sowie des abgelagerten Moränenmaterials gut zu erkennen. Sehr wahrscheinlich hat der Rhonegletscher im Mittelalter in etwa so ausgesehen wir in der heutigen Zeit.

Leider lässt sich dies heute nicht mehr genau nachweisen, denn die Menschen hatten damals andere Sorgen, als sich Gedanken über die Größe der Gletscher zu machen. In der „Kleinen Eiszeit" hat er seine maximale Größe erreicht um jetzt wieder zu seiner normalen Größe zurück zu kehren. Vielleicht hat heutzutage auch niemand Interesse dies nachzuweisen, denn dadurch würde die ganze Wahrheit ans Licht kommen. Der Klimawandel würde sich als Klimalüge herausstellen und das wäre kontraproduktiv.

Solche Forschungen würden von keiner Regierung oder Organisation finanziell unterstützt werden und deshalb lässt man es und forscht nach dem, was die Geldgeber wollen. Eventuell könnte die Industrie hier mal was anstoßen, um nicht immer nur als Klimakiller angeprangert zu werden, doch dort sitzen klügere Köpfe als in den Regierungen und die haben längst erkannt, dass dies keinen Fortschritt bringt und alles nur Panikmache ist, um von anderen Problemen abzulenken. Diese Panikmacher behaupten weiter, dass sich die Anzahl der heute 5.000 Alpengletscher schon in zwei Jahrzehnten halbiert hätte. Dies würde empfindliche Einbrüche in der Wasserversorgung mit sich bringen, denn drei Viertel unserer Süßwasserreserven bestehen aus Eis und Schnee und nur ein Viertel erhalten wir durch Grundwasser, Seen, Flüsse und Niederschläge. Zwar herrsche zunächst, während die Gletscher vermehrt abschmelzen, ein Überangebot an Wasser. Doch wenn die Gletscher abgeschmolzen seien, beginne die Zeit der Wasserknappheit. In deren Folge würden Flussbetten austrocknen und der Grundwasserpegel würde sinken. Mit den Gletschern würden wir einen wichtigen Teil unserer Süßwasserreserven verlieren.

Zugegeben, letzteres stimmt auch, doch der Rest ist reine Volksverdummung. Wenn die Gletscher weg sind, führen die Flüsse genau so viel Wasser als wie wenn ihre Größe konstant bleibt. Bei konstanter Größe fällt oben genau so viel drauf, wie unten wegläuft. Das Wasser wird nur Jahrzehnte lang zwischengespeichert. Würden die Gletscher nach obiger These wieder wachsen, gäbe es eher eine Katastrophe, denn demnach müssten dann die Flüsse wirklich fast oder gar komplett austrocknen, da das Wasser im Eis auf den Bergen gespeichert bleibt und weniger oder gar nicht mehr über die Flüsse abläuft. Sind in den Alpen oder anderen Hochgebirgen die Gletscher vollständig abgetaut, läuft das Wasser eben konstant ab, so wie es regnet, versickert und wie es der Berg wieder hergibt. Wie könnte es sonst sein, dass der Amazonas der wasserreichste Fluss der Erde ist, obwohl er nicht von einem Gletscher gespeist wird? Im Schwarzwald oder anderen Mittelgebirgen gibt es ja auch keine Gletscher und trotzdem sind die Bachläufe bisher noch nicht ausgetrocknet – auch nicht in den trockensten Sommern! In Regenzeiten gibt es eben mal das eine oder andere Hochwasser und in Trockenzeiten geht das Wasser zurück. Dies ist ganz normal. Aber auch im Hochgebirge gibt es Unwetter, welche von den Gletschern genau so wenig zurückgehalten werden können.

Und noch ein Beweis, dass die Alpen auch schon früher einmal weniger vergletschert bzw. eisfrei waren, ist der Zug des Feldherrn Hannibal mit seinem Heer über die Alpen. In der Kaltzeit des Mittelalters hätte Hannibal dies nicht angehen können und mit seinen Elefanten die Alpen nicht überqueren können. Um die Römer in ihrem eigenen Land zu besiegen, überschritt er 218 v. Chr. mit 38.000 Soldaten, 8.000 Reitern und 37 Kriegselefanten die Alpen. Ein unvorstellbares Heer, das sich damals von Marokko über Spanien Richtung Rhonetal bewegte. Die weitere Route lässt sich heute nicht mehr genau bestimmen, denn ab Valence gibt es mehrere Möglichkeiten, die in Betracht kommen könnten.

Die wahrscheinlichste Marschroute wäre über den 2.9947 Meter hohen Col de la Traversette oder über den Col du Galibier, immerhin auch noch 2.645 Meter hoch, gewesen, um nach Turin zu gelangen. Auf keinen Fall hätte er mit diesen Massen vereiste Pässe oder gar Gletscher überwinden können. Wohl gab es viele Verluste, aber dies lag an der gefährlichen Wegstrecke über Felsen und Schluchten, was dann letztendlich auch zum Scheitern der Mission führte.

Desgleichen hat sich Ötzi, eine im Jahre 1991 in den Ötztaler Alpen gefundene Gletscherleiche zu seinen Lebzeiten bestimmt nicht im ewigen Eis aufgehalten. Er lebte etwa um 3.350 bis 3.100 v.Chr. und wurde auf 3.210 Meter Höhe entdeckt. Bedeckt von Eis und Schnee blieb die Leiche 5.000 Jahre konserviert und nahezu unversehrt. Er hätte bestimmt noch lange dort gelegen und wäre auch nicht gefunden worden wenn dieser Gletscher in den Ötztaler Alpen nicht wieder auf seine frühere Form zurückgegangen wäre.

Als Ergebnis kann festgestellt werden: Das Eis der Gletscher und die Pole schmelzen zwar in der heutigen Zeit immer mehr ab und dieser Rückgang hat wahrscheinlich sein Ende noch nicht erreicht. Es könnte allerdings auch anders herum gehen.

Genau weiß dies niemand und kann auch niemand voraussagen. Im Mittelalter, und das ist eine sehr kurze Zeit, gemessen am Erdzeitalter, könnten diese Eismassen wahrscheinlich noch kleiner gewesen sein. Damals hat der Mensch den CO_2 Ausstoß und damit einen Klimawandel aber noch nicht beeinflusst. Wenn unser Klima, und damit auch die Gletscher nun wieder zu den Werten des Mittelalters zurückkehren, so ist dies mehr als normal und auch kein Grund zur Besorgnis. Manche Menschen sind mit ihrem Meinungsbild ja auch im Mittelalter stehen geblieben. Das Klima hat sich seit Urzeiten immer wieder geändert und wird dies auch weiterhin tun.

Was den Zusammenbruch des Golfstromes betrifft, so könnte dies durchaus im Laufe der Erdgeschichte einmal eintreten, so wie sich das Magnetfeld der Erde auch schon mehrfach verändert hat, oder die Pole sich verschoben haben. Hierfür kann aber nicht der Mensch verantwortlich gemacht werden.

Diese Macht und dieses Können hat er ganz einfach nicht. Diese Veränderungen, was für die Menschheit sicher zwangsläufig zur Katastrophe führen könnte, liegen in der Hand eines Anderen und der wird bestimmen, ob und wann es kommt oder auch nicht. Wer anders glaubt, sollte dann eben bedenken, dass die Natur die vergangenen 4 Milliarden Jahre alles geregelt, bestimmt und richtig gemacht hat. Sicher waren auch Launen dabei, die ins Nichts geführt haben, aber sonst wäre unsere heutige Artenvielfalt gar nicht erst entstanden. So wird es auch sein, solange die Erde besteht. Es wird eher so kommen, dass die Natur den Menschen vernichtet, bevor sie sich von ihm bevormunden lässt. Sollte die Wärmeheizung Europas, die der Nordhalbkugel so viel Energie zuführt, wie zwei Millionen großer Kernkraftwerke, tatsächlich einmal erlahmen, dann wäre dies natürlich eine Katastrophe, zumindest für uns Menschen und für viele Tiere, aber für die Natur könnte dies

54

auch eine Chance sein um sich weiter oder neu zu entwickeln. Die Klimaerwärmung hätte allerdings ein abruptes Ende und die Nordhalbkugel der Erde würde wieder eine Kälteperiode erwarten. Seitdem der amerikanische Ozeanograph Wallace Broecker vom Lamont-Doherty Earth Observatory der Columbia University vor über zwanzig Jahren die These vom kollabierenden Golfstrom veröffentlichte, hat dieses „Eiszeit-Szenario" einen berühmt berüchtigten Bekanntheitsgrad erfahren und wird seither politisch und von vielen Umweltverbänden ausgeschlachtet.

Ein Versiegen des Golfstromes hat allerdings weniger mit dem Klimawandel zu tun, als mit der Beschaffenheit der Meere und Kontinente, die ständig in Bewegung sind. Wenn uns die heutige Verteilung der Landmassen auf der Erde auch stabil erscheinen mag, so stellt sie erdgeschichtlich nur eine Momentaufnahme dar. Die Kontinente sind aufgrund der Plattentektonik ständig in Bewegung und haben sich in der Geschichte unseres Planeten schon mehrfach zu einer einzigen großen Landmasse (Superkontinent wie beispielsweise Pangaea) vereinigt und dann wieder in kleinere Kontinente getrennt. Deshalb gibt es auch den Golfstrom nicht schon immer und er ist auch nicht für die Ewigkeit. Der Golfstrom kommt zustande, indem sich das Meerwasser in Äquatornähe aufwärmt und im Nördlichen Eismeer wieder abkühlt. Sicher spielen auch noch andere Faktoren mit, aber warmes Wasser steigt nach oben wo es solange bleibt, bis es wieder kälter wird und nach der Abkühlung fällt kaltes Wasser wieder in die Tiefe ab. Für dieses Wechselspiel ist der Nordatlantik geradezu geschaffen. Dazu kommt das Eismeer, das genügend Tiefe und Platz hat um das Wasser abzukühlen, abfallen zu lassen und in der Tiefe zum Äquator zurück zu leiten. Sollte der Golfstrom je versiegen, hätte dies andere Ursachen, wie z.B. oben erwähnte größere Verschiebungen in der Erdkruste.

Die Ursache von Erdbeben und evtl. darauf folgende Tsunamis haben ebenso wenig mit Klimaveränderungen zu tun, wie Vulkanausbrüche, Unwetter, Waldbrände und andere Naturkatastrophen. Die Erdoberfläche ist immerfort in Bewegung. Die Erdplatten triften ständig auseinander, schieben sich auf- und untereinander oder schrammen aneinander vorbei. Dabei gibt es Erschütterungen die wir als Erdbeben oder seien sie im Meer, als Meerbeben wahrnehmen. An den Bruchstellen dieser Erdplatten tritt Magma aus dem flüssigen Erdinnern aus, was wir als Vulkanausbrüche bezeichnen. Das verheerendste bekannte Erdbeben war am 26. Dezember 2004 im Indischen Ozean vor Sumatra. Durch dieses Beben und den nachfolgenden Tsunami starben 230.000 Menschen. Der schwerste Vulkanausbruch in der Geschichte der Menschheit ereignete sich 1815 in Indonesien. Die Explosion und der Ausbruch des Tamboramit anschließendem Tsunami kostete 70.000 Menschen das Leben und brachte uns 1816 das Jahr ohne Sommer. Bei heutiger Bevölkerungszahl hätte es wohl ein Vieles mehr an Opfern gegeben. Die Lava aus dem Inneren der Erde wurde über 40 Kilometer hoch geschleudert. Danach stürzte der Vulkan in sich zusammen und sein Gipfel fiel von 4000 auf 2650 Meter herab.

Bei diesen Katastrophen kann man sicher behaupten, dass der Mensch auf solche Vorfälle niemals Einfluss hatte oder je haben wird. Häufen sich solche Unglücke, ist dies rein naturbedingt. Ebenso ist es bei schweren Stürmen, Waldbränden und Überschwemmungen. Stürme hat es schon immer gegeben und selbst die Prophezeiungen nach Sturm Lothar, sowas würde in Zukunft immer häufiger auftreten, man sprach von einem Abstand von fünf Jahren, sind nicht eingetreten. In trockenen Jahren häufen sich Waldbrände, in nassen Jahren gibt es mehr Überschwemmungen. Auch das war schon immer so, wenn zugegeben auch manche Waldbrände von Menschen verschuldet wurden. Aber auch Feuersbrünste gab es schon in grauen Vorzeiten. Dies mit einer Klimaveränderung in Einklang zu bringen ist spekulativ und mehr als zweifelhaft.

Die verschiedenen Klimazonen der Erde entstehen durch die unterschiedliche Lichtenergie der Sonne die auf bestimmte Gebiete der Erde fällt. Am Äquator ist diese Menge am größten, an den beiden Polen am geringsten. Sollte sich die Erde in großem Ausmaß weiter erwärmen, was fast unwahrscheinlich ist, könnte das das Ende für bestimmte Klimazonen bedeuten. Einige Regionen könnten stark gefährdet werden, und auch Tiere und Pflanzen könnten vom Aussterben bedroht werden. Andererseits würden natürlich auch neue Klimaregionen geschaffen wobei manche Gebiete sogar von diesem Wandel profitieren könnten.

Eine generelle Verschiebung der Klimazonen kann vorerst ausgeschlossen werden, da sich hierzu erst einmal die Drehung der Erde, die Erdachse verändern müsste, und dann gäbe es bestimmt ganz andere Probleme. Allerdings ist bei einer Erderwärmung eine geringe Verschiebung der Zonen in Richtung der Pole durchaus reell. Aber hierzu müsste sich die Erde erst einmal „richtig" erwärmen, nicht nur im normalen Bereich. Die Tropen würden sich nord- und südwärts verlagern und in Aquatornähe würde Raum für neue Klimas entstehen.

Was bei einer Verschiebung dieser Zonen wirklich eintritt, wird zwar immer wieder kontrovers diskutiert, aber noch kontroverser sind die Diskussionen um mögliche oder als notwendig betrachtete Gegenmaßnahmen. Bei einer Umfrage im Sommer 2006 unter deutschen Klimaforschern bezweifelten noch 61% der Befragten, dass die Temperaturerhöhung des 20. Jahrhunderts menschlich gemachte Ursachen habe. Nur für 38% galt diese als bewiesen. Heute bestätigen die meisten Wissenschaftler die Aussage, wonach die menschliche Emission von Kohlendioxid für einen großen Teil des Klimasystems

verantwortlich seien und somit auch für die globale Erwärmung der letzten Jahrzehnte. Wurden sie zu dieser Meinungsbildung etwa politisch genötigt oder gab es finanzielle Zusagen? Einen Beweis für einen Zusammenhang zwischen Klimawandel und menschlichem Tun hat jedenfalls noch niemand erbracht, wenn dies auch schon oft versucht oder behauptet wurde.
Wie sieht es überhaupt mit finanzieller Unterstützung der Forschungsanstalten aus, die nicht die Meinung ihrer Geldgeber vertreten? Alle sind auf Zuschüsse angewiesen und keiner könnte ohne diese Gelder überleben. Wohl niemand ist bereit, solche Zuwendungen aufs Spiel zu setzen, denn würden diese fehlen, wäre dies dann nicht das Aus für so manche Institution? Ist es nicht so, dass „dessen Brot ich esse, dessen Meinung ich vertrete?"
Schuldfrage hin oder her. Muss es eigentlich für die Temperaturschwankungen einen Schuldigen geben, oder könnte nicht auch ganz einfach die Natur selber daran schuld sein, oder ist dies von der Natur gar so gewollt? Sind solche Klimaveränderungen vielleicht gar für die Evolution wichtig? Ohne Klimawandel gäbe es bestimmt den heutigen Artenreichtum nicht. Viele Spezies wären erst gar nicht ausgestorben, andere hätten sich nicht so entwickeln oder weiter entwickeln können. Wenigstens das wissen wir. Diese Temperaturveränderungen gibt es ja nicht erst, seit es Menschen gibt. Doch der Mensch braucht immer für alles einen Schuldigen. So glaubte man bereits im späten Mittelalter schon, selbst an der damaligen Klimakatastrophe schuld zu sein. Damals wurde es allerdings, im Gegenteil zu heute, immer kälter, was die Menschen beunruhigte und verängstigte. Egal, ob kälter oder wärmer, die Menschheit hat immer etwas daran auszusetzen. Diese vermeintliche Schuld an der damaligen negativen Klimaveränderung musste gesühnt werden und fand bekanntlich Ihren Höhepunkt bei den Hexenverbrennungen.

Irgendwann wurde dann das Klima auch wieder freundlicher. Heute weiß wohl ein jeder, dass diese Aktion bestimmt nichts dazu beigetragen hat.

Die Klimaveränderungen der letzten Millionen Jahre sind nicht auf das Einwirken des Menschen zurückzuführen. Vielleicht sollte man nach den Ursachen auch nicht nur auf der Erde suchen. Es könnte doch auch Kräfte im Weltall geben, die unsere Erde und damit das Klima darauf beeinflussen.

Die naheliegendste Lösung, und deshalb nicht außeracht gelassen bleiben sollte dabei die Sonne, die für die Wärme auf der Erde verantwortlich ist. Ohne die Sonne wäre unsere Erde wüst und leer und zu einem Eisball zusammengefroren. Hier würden Temperaturen von bis zu minus 278 Grad, wie weit draußen im Weltraum herrschen. Nur der Sonne haben wir es zu verdanken, dass wir überhaupt ein Klima haben. Die Sonne ist allerdings unterschiedlich stark aktiv. Unzählige Wissenschaftler haben lange Zeit Stein für Stein zusammen-getragen, um Licht ins Dunkel des Temperaturwandels zu bringen mit dem Ergebnis: Die wahrscheinlichste Erklärung für die ständigen Änderungen des Klimas liefern unter anderem auch die Aktivitäten der Sonne und ihr Einfluss auf die Wolkenbildung. Dies wurde schon lange vermutet, doch konnte man hierfür leider niemanden belangen oder beschuldigen oder zur Rechenschaft ziehen und somit war dieses Thema auch nie interessant oder politisch ausschlachtbar. Erst den beiden dänischen Wissenschaftlern Lassen und Friis-Christensen gelang es im Jahr 1996, dafür die ersten Beweise vorzulegen. Inzwischen ist es so gut wie belegt, dass die Temperatur auf der Erde auch eine Folge der Sonnenaktivität ist. Sie war am Ende des 20. Jahrhunderts so stark wie in den 1.000 Jahren davor nicht mehr. Andere Quellen sprechen sogar von 10.000 Jahren. Doch dies ist leider unpopulär und interessiert nur wenige. Auch ist es nicht möglich, die

Sonnenenergie zu beeinflussen um sich materielle Vorteile zu verschaffen. Genau so wenig hat dies Einfluss auf politische Karrieren, denn hier stehen leider keine Erfolge in Aussicht. Deshalb ist es wohl besser, die Meinung vom menschengemachten Klimawandel zu vertreten und Gegenmaßnahmen zu versprechen. Jeder umweltbewusste Bürger fährt darauf ab, selbst wenn dies der größte Schwachsinn ist - koste es was es wolle.

Doch zurück zur Sonne. Die Sonne brennt auf den ersten Blick immer gleichmäßig. Doch sie ist nicht makellos, wie wir denken und so entstehen auf ihrer Oberfläche immer wieder Sonnenflecken. Nun gibt es Perioden mit vielen Sonnenflecken aber auch andere mit wenigen. Die Sonnenflecken sind zwar „kälter" als die Sonnenoberfläche, aber bei einer hohen Anzahl von Sonnenflecken ist die Chance größer, dass sich zwei benachbarte, aber gegenläufig gepolte Magnetfeldlinien neu verbinden und die freiwerdende Energie in den Raum abgegeben wird. Eine sichtbare Variante dieses Vorgangs sind die Sonneneruptionen, sogenannte Flairs, die bis zu 100 Millionen Grad heiß werden können und 10 Millionen mal heftiger als ein Vulkanausbruch sind. Sie haben die Kraft von Milliarden Atombomben und schleudern diese große Menge Energie in den Weltraum hinaus. Kommt es zu einem Strahlungsausbruch in Richtung Erde, so kann dieser sogar zu starken Störungen im Erdmagnetfeld führen und den Betrieb von Satelliten oder elektrischen Anlagen auf der Erde beeinträchtigen.

Dies bedeutet, je weniger Sonnenflecken, umso kälter die Sonnenoberfläche, aber auch, je mehr Sonnenflecken umso größer die Anzahl der Eruptionen. Je mehr Sonneneruptionen, desto mehr Energie wird in den Weltraum und damit auch auf die Erde hinaus geschleudert. In Jahren mit verminderter Fleckenanzahl verringert sich also die Sonnenstrahlung. In den

Jahren 1645 bis 1715 wurden überhaupt keine Sonnenflecken beobachtet. Diese Jahre, das so genannte Maunderminimum, während dessen keine Sonnenflecken beobachtet wurden, fallen mit der „Kleinen Eiszeit" zusammen. Nach 1715 stieg die Temperatur mit kleinen Ausnahmen auf der Erde ständig an. Fast parallel dazu stieg auch die Anzahl der Sonnenflecken.

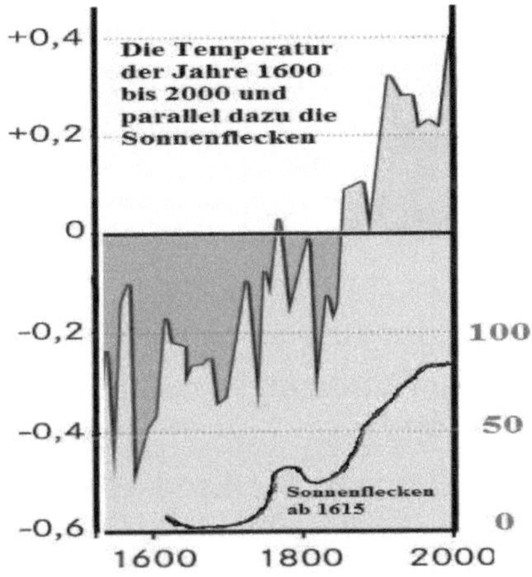

Diese Grafik zeigt den Zusammenhang von Erdtemperatur und Sonnenflecken. Je größer die Anzahl der Sonnenflecke, desto höher wird auch die Erdtemperatur.

Bewiesen ist nun auch wieder nicht, dass die Temperatur der Erde mit der Anzahl der Sonnenflecken zusammenhängt. Aber diese Parallele ist mehr als zufällig. Vor 1615 waren die Sonnenflecken noch nicht bekannt. Deshalb ist eine wissenschaftliche Aussage zu diesem Phänomen nicht genau nachgewiesen. Wären Daten bis zum Mittelalter bekannt und diese würden genauso parallel verlaufen, wäre ein Zusammenhang einer globalen Temperatur und der Sonnenaktivität bewiesen.

Manche Wissenschaftler gehen sogar soweit, Katastrophen wie Erdbeben und Überschwemmungen mit diesem periodischen Sonnenzyklus zu erklären. Doch hier ist die Beweislage sehr dünn und einige Argumente ähneln gar der Astrologie. Ein Zusammenhang mit dem Klimawandel ist hier eher zu erklären

Doch eine Hauptrolle in diesem Geschehen wird dem Kohlendioxid zugeschrieben. CO_2 ist ein farb- und geruchloses Gas, das sich in Wasser gut löst. Bei 20°Cnimmt ein Kubikmeter Wasser 0,5 Gramm dieses Gases auf, bei nahe 0°C jedoch das Doppelte, 1 Gramm. Bei Erwärmung des Wassers wird also CO_2 an die Atmosphäre abgegeben, kühlt es sich ab, nimmt es dieses wieder auf. Da die Erde etwa zu zwei Drittel von Wasser bedeckt ist, werden bereits bei einer geringen Erwärmung der Meere große Mengen an CO_2 freigesetzt. Der umgekehrte Weg - erst CO_2, dann Wärme - ist allerdings wegen der Sättigungsgrenzen nicht möglich.

Doch ganz so unnütz ist Kohlendioxid, das in den letzten Jahren zu sehr in die Kritik geraten ist, wie es scheint doch wieder nicht. Pflanzen benötigen CO_2 um zu wachsen. Wird es auf der Erde wärmer und enthält die Atmosphäre mehr CO_2, beschleunigt sich das Wachstum der Pflanzen, und ihr Hunger danach nimmt immer weiter zu. Die Pflanzen der Erde können deshalb als die größten CO_2-Senker bezeichnet werden, denn ihr Einfluss übersteigt sogar den des Wassers. CO_2 ist außerdem ein Klimagas, das zusammen mit anderen, für eine mittlere Erdtemperatur von 15°C sorgen soll. Ohne diese Gase würde die mittlere Erdtemperatur auf minus 18°C sinken. Allerdings hat CO_2 nur einen kleinen Anteil am „Treibhauseffekt". Wasserdampf übertrifft dieses Klimagas um ein Vielfaches, denn Wasserdampf bildet Wolken, von denen die Temperatur viel stärker beeinflusst wird als von einem unsichtbaren und strahlendurchlässigen Gas. Aus ebenfalls wissenschaftlichen Unterlagen geht hervor, dass eine Verdoppelung des CO_2 einen Temperaturanstieg von 0,7°C zur Folge hätte, mehr nicht.

Würde sich die Erde nun weiter erwärmen und die Klimazonen sich in Richtung der Pole verschieben, könnte dies zwar verheerende Folgen haben, die allerdings bisher nur vermutet werden können. An Beschreibungen solcher Szenarien mangelt es nicht und alle nur mögliche negative Auswüchse wurden uns auch schon zur Genüge beschrieben. Aber genau so könnte dies natürlich auch Vorteile haben, wenn dies auch niemand so richtig wahrhaben will. In den Zonen um den Äquator könnten sich zwar nur die hitzebeständigsten Pflanzen halten, aber dafür könnten unsere Wüsten zu Regenwäldern werden. Simulationen haben ergeben, wenn sich die atlantische Zirkulation künftig abschwächen würde, würde dies zu einer starken Erwärmung des Golfs von Guinea führen. Damit würde der Westafrikanische Monsunregen zusammenbrechen und in der Folge nach Norden in die Sahara ausweichen. Ein ergrünen der Sahara wäre somit ein positiver Effekt der globalen Erwärmung. Ebenso könnte dies bei einer Erwärmung auch für andere Wüsten auf unserem Globus zutreffen. Für die Region um Mitteleuropa und der nördlichen Erdhälfte könnte dies zwar eine Bedrohung der Nadelwälder bedeuten. Aber wer sagt denn, dass unsere Wälder die Richtigen sind? Nadelwälder sind bei den Naturschützern eh nicht erhaltenswert und sollen „umgebaut" werden. Unsere bekannten Tannenwälder würden sich dann eben Richtung Norden verschieben. Die dichten Fichtenwälder, wie wir sie heute in Finnland finden, würden sich bis auf Grönland ausdehnen. Ebenso wäre der Norden Asiens komplett bewaldet. Die Tundra könnte zum größten Waldgebiet der Erde werden. In Mitteleuropa wären die Tannenwälder auf die Alpen begrenzt. In Deutschland würden Palmen wachsen, tropische Pflanzen und Früchte. Tropenholz könnte vor Ort geschlagen werden und bräuchte nicht mehr von weit her importiert werden. In der Rheinebene könnten Bananen und Orangen gepflanzt werden. Zweimal jährlich könnte Obst geerntet werden, Erdbeeren würde es das ganze Jahr über geben und die Weinlese fände ebenfalls fortlaufend statt. Ein Nahrungsangebot im Überfluss! Teure Urlaubsflüge in ferne Tropengebiete oder zu Südseeinseln würden fast komplett wegfallen, da Nord- und Ostsee Temperaturen anbieten könnten, wie sie heute nur in der Karibik herrschen. Wäre dies schlimm oder was wäre daran schlimm? Unwirtliche Regionen unserer Erde könnten künftig bewohnt und genutzt werden. Die meisten Pflanzen und Tiere würden nicht aussterben, es würde sich eben alles in Richtung Pole verschieben, der Rest würde sich anpassen. Nur für Eisbär und Pinguin könnte es etwas enger werden, ihr Nahrungsangebot würde sich allerdings bereichern. Die große Unbekannte bleiben freilich die heutigen Tropen. Was dort geschieht bleibt alles nur vage Vermutung. Schlimmstenfalls könnten dort neue Wüsten entstehen, was aber genau so wenig bewiesen oder erforscht ist wie der Klimawandel an sich selbst.

Doch was ist wirklich dran an der Ausdehnung der Wüsten? Seit dem sich das Klima erwärmt hat schrumpft zum Beispiel die Sahara zu Gunsten der umliegenden Steppen. Im Norden verkleinerte sich diese Wüste in den letzten 20 Jahren um 300.000 Quadratkilometer. Auch im Süden ist eine Zunahme von Niederschlägen zu beobachten, was eine Ausbreitung von bestimmten Bäumen und Sträuchern in Richtung Wüste nach sich zieht. Die Sahara ist bereits kleiner geworden! Ist das wirklich schlimm?

Und was ist mit dem Eisbär? Im Nordpolarbereich gibt es viele Inseln, außerdem Grönland, Alaska und Sibirien, also genug Land wo er jagen und leben kann. Auf das Eis ist er nicht wirklich angewiesen, denn dies frisst er ja nicht, aber auf die Robben, von denen er sich ernährt. Bejagen wir diese, oder rotten wir diese gar aus, dann stirbt auch der Eisbär. Vor 50 Jahren, als die Robbenjagd noch intensiv betrieben wurde, gab es im ganzen nordpolaren Bereich nur noch etwa 5.000 Eisbären. Heute können trotz Klimawandel wieder über 25.000 dieser Tiere gezählt werden. Sollte das Eis nun wirklich schmelzen, wird die Robbenjagd für ihn schwieriger oder gar unmöglich. Doch wird es wärmer und Gras beginnt zu wachsen, wandern neue Beutetiere aus südlicheren Regionen zu und das Nahrungsangebot wird vielfältiger. Dann frisst der Eisbär statt Robben eben Rehe, Hirsche oder gar Antilopen.

Ein positiver Nebeneffekt einer globalen Erwärmung wäre außerdem der Energieverbrauch. Man bräuchte in unserer Region im Winter nicht mehr zu heizen, ja die Heizkosten und der Energieverbrauch würden sich auf der ganzen Erde verringern. Das Bauen würde zumindest in unseren Breiten billiger werden, da die hohen Isolierkosten und die Kosten für eine Heizung wegfallen würden. Unmengen an Strom, Öl, Holz und Kohle könnten eingespart werden. Dadurch würde nicht nur der CO_2 Ausstoß wieder sinken, auch die Belastung durch Feinstaub würde zurückgehen. Alles würde sich wieder auf ein vernünftiges Maß zurückentwickeln. Dies hätte positive Einflüsse auf die globale Erwärmung und würde einen Rückkopplungsprozess im komplizierten Klimasystem erzeugen, was einen abkühlenden Prozess nach sich ziehen würde. Was wäre daran schlimm? Ebenso könnte auf der ganzen Welt an der Kleidung gespart werden. Man bräuchte die teuren Winterjacken nicht mehr, keine warme Unterwäsche oder keine Winterschuhe und bräuchte nicht mehr zu frieren. Beim Auto könnte auf Winterreifen verzichtet werden. Für die Kommunen würde der Winterdienst entfallen, was die Gemeindekassen jedes Jahr sehr belastet. Auf den Straßen müsste kein Salz mehr gestreut werden, was wiederum der Umwelt und auch den Kassen zugute käme. Glatteis- oder Lawinenunfälle würden der Vergangenheit angehören. Dadurch könnten Versicherungskosten bei Kraftfahrzeugen und im Gesundheitssystem eingespart werden. Tropische Pflanzen, die wir ja allzu gerne halten, müssten nicht mehr geschützt werden und könnten draußen überwintern. Auch für die Tierwelt gäbe es Vorteile. Die Zugvögel bräuchten sich nicht mehr auf den gefährlichen Weg nach Süden machen und hätten somit mehr Überlebenschancen. Auch die Tiere, die in unseren Breiten überwintern müssen, hätten es leichter und würden nicht mehr erfrieren. Vielleicht wäre dadurch die eine oder andere Art weniger vom Aussterben bedroht?

Es würde noch viele positive Beispiele geben, aber einen großen Nachteil müssten wir bei alledem doch in Kauf nehmen: Der Wintersport würde dann auch wegfallen, zumindest in den meisten Skigebieten. Dies hätte natürlich auch wieder große finanzielle Einbußen bei Sportgeschäften, Skiliftbetreibern oder der Industrie, die sich auf Wintersport eingestellt hat. Natürlich auch die Skifahrer oder Snowboarder selbst wären von einem solchen Szenario nicht sehr begeistert. Dafür wäre dann aber das Freibad ganzjährig geöffnet. Aber auch hier gäbe es einen Ausweg. Wintersport müsste dann eben in Hallen betrieben werden wie heute schon in Neuss, Berlin oder Hamburg. Selbst Dubai macht es uns mit der größten Skihalle der Welt vor, wie dies auch bei höheren Temperaturen funktionieren könnte.

Aber auch die Wolkenbildung hat Auswirkungen auf die Temperaturen. Je wärmer es wird, desto mehr Wasser verdampft und bildet Wolken. Und so bedeutet mehr Wasser in Form von Wolken in der Atmosphäre ein geringerer Durchlass von Sonnenstrahlen die auf den Boden treffen. Es wird zwangsläufig wieder kälter. Außerdem regnet es mehr, wenn mehr Wolken am Himmel stehen. Bei Regen wird es automatisch kälter, da das wieder verdunstende Wasser der Luft Wärme entzieht. Ein steter Kreislauf.

Allerdings hat Wasserdampf auch einen Nachteil, denn auch Wasserdampf trägt zur Klimaerwärmung bei. Wolken halten die bereits vorhandene Wärme zurück. In klaren Nächten ist es deshalb kälter als bei bewölktem Himmel, sofern tagsüber die Sonneneinstrahlung durch Wolken nicht behindert war. Ohne Treibhauseffekt hätten wir auf der Erde eine Temperatur von

66

-18° Celsius. Durch das vorhandene CO_2 ist es 7° wärmer und durch Wasserdampf wird diese Temperatur nochmals um 21° erhöht. (Lexikon der Öko-Irrtümer) Warum geht niemand gegen Wasserdampf vor, wenn dieser doch das Dreifache zur Klimaerwärmung beiträgt?

Das nächste Szenario, ein Ausfallen des Golfstromes würde ebenfalls zu sinkenden Temperaturen, allerdings nur auf der Nordhalbkugel führen. Die aus dem Äquatorraum hergeführte Wärme würde ausbleiben. Es würde dadurch in Europa kälter werden.

Wälder statt Wüsten oder Steppen könnten ebenso zu einer Temperatursenkung beitragen. Sollten die Sahara oder andere Wüsten ergrünen, würde sich ein riesiges Potential an neuen Waldflächen auftun. Neue, größere Vulkanausbrüche oder gar ein Meteoriteneinschlag würden mit Sicherheit das Klima ebenfalls verändern. Der nächste Vulkanausbruch kommt bestimmt. Bleibt nur zu hoffen, dass sich die Katastrophe in Grenzen hält.

Ein Meteorit mit rund 50 Meter Durchmesser trifft etwa alle 1.500 Jahre die Erde. Erst 2013 explodierte ein etwa 20 Meter großer Meteorit über der russischen Stadt Tscheljabinsk und ließ die Auswirkungen größerer Objekte erahnen: Rund 7.000 Gebäude wurden beschädigt, etwa 1.500 Menschen verletzt. Dass großen Asteroiden, mit auch mal zehn Kilometer Durchmesser die Erde treffen ist zum Glück äußerst selten. Der letzte machte vor rund 65 Millionen Jahren den Dinosauriern den Garaus und veränderte das Klima entscheidend. Etwa alle 100 Millionen Jahre tritt ein solch zerstörerisches Ereignis auf. Forscher behaupten, es sei gar längst überfällig.

Laut NASA fallen jeden Tag 1.000 bis 10.000 Tonnen meteoritischer Substanz zur Erde. Das meiste Material zerfällt oder verglüht in der Atmosphäre und richtet somit keinen Schaden an. Der größte Teil der kosmischen Gesteinsbrocken fallen ins Meer und werden meist nicht bemerkt, füllen aber die Meere ebenfalls langsam auf. Warum ist bisher noch keinem Wissenschaftler aufgefallen, dass damit über Jahrtausende auch der Meeresspiegel steigen muss? Aufgefallen wahrscheinlich schon, aber darüber reden ist unspektakulär. Leider kann hier niemand zur Verantwortung herangezogen werden und schon alleine aus diesem Grund wird dieses Thema nicht weiter verfolgt, ja einfach ignoriert.

Man sieht, viele Faktoren spielen hier mit, die zu Klimaveränderungen beitragen können, doch bei keinem können wir nur annähernd sagen, was er im Zusammenspiel mit anderen auch wirklich bewirkt. Man könnte vielleicht aus der Vergangenheit lernen und daraus seine Schlüsse ziehen, aber dies wäre kontraproduktiv. Deshalb sind die uns von Wissenschaftlern und Forschern vorgestellte Szenarien nur Vermutungen und Möglichkeiten, die eintreffen können – oder auch nicht!

Sollte sich die globale Erwärmung weiterhin fortsetzen, kommt diese bald an ihre Grenzen. Wie unsinnig diese Debatte um einen von Menschen gemachten Klimawandel ist, zeigt: Selbst wenn das CO_2 in der Atmosphäre verdoppelt würde, könnte dies aus physikalischen Gründen nur etwa knapp ein Grad an Erwärmung bewirken. Alles Weitere beruht wiederum auf fantasievollen Spekulationen und wir brauchen uns hier nicht ins Bockshorn jagen zu lassen. Die Horrorszenarien, wie sie uns andauernd angekündigt werden und bewiesen zu sein scheinen, treffen so jedenfalls nicht ein. Es kommt immer anders als man denkt, als man glaubt zu wissen, als man befürchtet.

Was wurde bisher zur Klimaverbesserung getan?

In den 1970er Jahren war die Umweltbewegung entstanden und daraufhin war Anfang der 80er Jahre das Waldsterben eines der bedeutendsten Umweltthemen in der BRD. Den Begriff Klimawandel gab es damals überhaupt noch nicht. Von Wissenschaftlern wurden damals neuartige Waldschäden festgestellt: Baumkronen wurden lichter und an den Fichten vergilbten die Nadeln und fielen ab. Das Thema Waldsterben legte eine atemberaubende Karriere hin und das Thema Umwelt erregte noch nie vorher so viel Aufmerksamkeit. Fachleute warnten vor einer „Umweltkatastrophe von bisher unvorstellbarem Ausmaß". „Die ersten großen Wälder werden schon in den nächsten fünf Jahren sterben. Sie sind nicht mehr zu retten", prophezeite der Göttinger Forstwirtschaftler Bernhard Ulrich 1983 im Spiegel. Er lag falsch. Bis heute sind in Deutschland keine großen Wälder zugrunde gegangen. Umweltschützer erklärten damals, dass bis zur Jahrtausendwende in Deutschland kein Wald und auch im Schwarzwald kein Baum mehr stehen würde, zumindest das Nadelholz und dabei vor Allem die Fichten würden komplett verschwinden. Das angekündigte Waldsterben kam so aber nie. Dies ist genau so wenig eingetroffen wie andere Schwarzmalereien der ewigen Weltverbesserer. War alles nur beispiellose Panikmache? Das lässt niemand gerne auf sich sitzen und so versuchte man verzweifelt doch noch Beweise zu erbringen, dass an jenen Vorhersagen doch etwas dran war. Um die damaligen Prophezeiungen zu rechtfertigen wurde der jährliche „Waldschadensbericht" erfunden. Laut diesem Bericht verschlechtert sich der Waldzustand von Jahr zu Jahr immer mehr. Klar findet man viele geschädigte Bäume, wenn man jeden vom Sturm abgebrochenen Ast oder jede abgeknickte

Krone als Schädigung ansieht. Dies ist eigentlich normal und war schon immer so. Viel mehr tragen unsere Bannwälder, Naturschutzgebiete und Nationalparks zur Schädigung des uns bisher bekannten Waldes bei und man könnte fast behaupten, dass diese Einrichtungen ausgewiesen wurden um den Schadensbericht der Bäume und Wälder so zu beeinflussen, wie man es sich ausgemalt hatte. Erste Erfolge sind im Nationalpark Harz oder Bayrischer Wald zu sehen, wo bereits ganze Hänge abgestorben sind. Hier hat man bewusst das Treiben des Borkenkäfers in Kauf genommen und nichts dagegen unternommen, ja sogar noch gefördert. Dies trägt natürlich wesentlich zur Verbesserung der Negativstatistik bei. Früher wurden geschädigte oder bereits abgestorbene Bäume zur Holzernte genutzt. In solchen neu eingerichteten, angeblichen Schutzzonen bleiben diese jedoch als Totholz stehen. Was soll denn hier geschützt werden? Zumindest nicht der Wald. Man trägt sogar bewusst zum Absterben, zumindest der Fichten bei, damit sich der Wald „verjüngt" und so „umgebaut" werden kann, indem man dem Borkenkäfer neue Lebensräume schafft. Genau dieselben Leute beklagen sich dann wieder, dass die Zahl der alten Bäume immer mehr zurückgeht und kaum noch über 100jährige Bäume in unseren Wäldern zu finden sind. Von angeblichen Naturschützern so gewollt, erhöht sich die Zahl der geschädigten oder ganz abgestorbenen Bäume jährlich. Dies trägt in erster Linie zum immer schlechter werdenden Waldzustand und zu einem steigenden Prozentsatz der geschädigten Bäume bei. Absurd ist, dass sich dann gerade wieder dieselben Menschen über den schlechten Zustand des Waldes beschweren, die sich vorher für das Brachliegen und damit die Vernichtung eines gesunden Waldbestandes eingesetzt haben. Würde man die Wälder weiterhin so nutzen wie man es in der Vergangenheit tat, würde sich die Zahl der geschädigten Bäume automatisch verringern, dem Borkenkäfer würde die Lebensgrundlage entzogen, das Waldsterben wäre passee und für den Wald wäre ein Klimawandel wohl Nebensache oder überhaupt kein Thema.

Wald gibt es nicht erst seit den 1970er Jahren und da muss man sich schon fragen, wie er Jahrtausende, ja Jahrmillionen ohne Umweltschützer überlebt hat. Sicher gibt es Veränderungen, auch negative, was das Waldbild betrifft, aber hätte es seit Millionen von Jahren keine Veränderungen gegeben, gäbe es unsere Welt nicht so wie wir sie heute kennen. Die Natur ist ständig auf der Suche nach Verbesserungen. Taugt eine Population nicht, kann sie sich den gegebenen Bedingungen nicht anpassen oder haben sich die Umstände verändert, stirbt sie wieder aus und macht damit anderen, besseren Arten Platz. Diese Veränderungen scheinen in der heutigen perfekten Welt aber immer schneller vor sich zu gehen. Man könnte meinen, die Zeit läuft schneller. Stirbt allerdings eine Tier- oder Pflanzenart aus, werden schon wieder ein, zwei neue Arten entdeckt. So wie der Mensch immer nur meint, an unnützen Dingen festhalten zu müssen, und sich so immer im Kreise dreht, verhält sich die Natur anders und probiert immer wieder was neues, besseres aus. Subventionen kennen nur wir Menschen in unserer vermeintlich perfekten Welt, die Natur kennt solche nicht, da hat nur Erfolg, was auch was taugt.

Nachdem das Thema Waldsterben völlig ausgetreten war, wurde das Ozonloch als Druckmittel entdeckt. Dieses wird laut Beobachtungen mal größer oder auch mal kleiner. Strittig ist allerdings, in welcher Weise sich das Ozonloch verändert. Hier gibt es unterschiedliche Aussagen. Vorteile oder auch Nachteile konnten bis heute nicht mit absoluter Sicherheit eindeutig nachgewiesen werden.

Ozon überhaupt. Ist es denn nun gesundheitsschädigend oder -fördernd? Früher machte man Urlaub in Gegenden mit besonders hohen Ozonwerten - der Gesundheit wegen.

Geschadet hat dies zumindest niemandem. Heute sollen hohe Ozonwerte gesundheitsbelastend sein. Um eventuelle Gesundheitsgefahren zukünftig ausschließen zu können ist es natürlich besser, wen der Ausstoß der Vorläuferstoffe im Verkehrsbereich, (Stickstoffoxyd NOx) und die Verwendung von Lösemitteln in Industrie, Gewerbe und privaten Haushalten weiter gesenkt werden. Fehler ist dies bestimmt keiner.

Eine Frage bleibt jedoch offen: Brauchen wir Ozon oder nicht? Bei weniger Ozon, müsste zwangsläufig das Ozonloch größer werden, was eine Gefahr für die Menschheit bedeutet, da die Ozonschicht die schädliche UV-Strahlung zurückhält. Mehr Ozon soll allerdings auch schädlich sein. Na was denn nun?

Aber auch das leidige Thema Klimawandel kam dann Ende des 20. Jahrhunderts auf. Der stetig steigende Ausstoß von CO_2, das sich in der Luft seit der Industrialisierung angeblich verdoppelt hat, solle ein Anstieg der Temperaturen bewirken. Man sprach von einem noch nie da gewesenen Wandel des Klimas, von Temperaturen, die es noch nie gab, seit der Mensch die Erde bevölkert. Dass dies so nicht ganz zutrifft, wurde ja hier zur Genüge nachgewiesen, doch anscheinend interessiert dies niemanden und auch kaum jemand will dies wahrhaben.

Müssen wir uns überhaupt allzu viel Gedanken über einen Klimawandel machen, hat uns unsere Technik genau gesehen nur Fluch gebracht? Müssen wir auf vieles verzichten, wieder zurückrudern, oder ist gar der Mensch an sich alleine schon der größte Schädling unserer Erde? Worüber sich wohl kaum jemand im Klaren ist: Menschen, aber auch Tiere atmen Luft ein und reichern sie mit einem Anteil von 4 Prozent CO_2 an, was wieder ausgeatmet wird. Tagtäglich trägt so jeder Mensch zur CO_2-Emission und selbst durch seine Körperwärme zu einem Stück der Erderwärmung bei. Da heute über sieben Milliarden Menschen auf der Erde leben, beträgt ihr Anteil an der CO_2-Emission 2,5 Milliarden Tonnen im Jahr. Die Tiere einmal gar

nicht mitgerechnet, auch nicht der durch die Verdauung bei Mensch und Tier entstehende Methanausstoß. Methan zersetzt sich nach einiger Zeit ebenfalls zu CO_2. Eine Unmenge an sogenannten Treibhausgasen. Und jetzt zu den Autos, die immer für alles Negative verantwortlich gemacht werden. Alle Autos dieser Welt stoßen in einem Jahr rund 2,1 Milliarden Tonnen Kohlendioxyd aus. Dies ist nicht einmal die Hälfte dessen, was alle Lebewesen dieser Erde ausatmen. Selbst wenn in Deutschland alle Autos mit Verbrennungsmotoren verboten würden, hätte das kaum eine Auswirkung auf das Klima, dafür aber umso mehr auf unsere heute noch einigermaßen funktionierende Wirtschaft. Die ganze Diskussion spielt aber auch keine große Rolle, wenn man bedenkt, dass alle von menschlicher Tätigkeit erzeugten CO_2-Emissionen insgesamt nur etwa zwischen einem und vier Prozent zu den natürlichen CO_2-Emissionen beitragen. Das ist ein vergleichsweise bescheidener Beitrag, der niemals eine Klimakatastrophe auslösen könnte, allerdings nötig ist um zu einem vermehrten Pflanzenwachstum beizutragen, damit die immer weiter wachsende Erdbevölkerung auch weiterhin ernährt werden kann. Also ist etwa alles nicht wirklich bedenklich, gar nur politisch gesteuerte Panikmache? Genau betrachtet läuft es darauf hinaus. Vielleicht müssten wir uns auch einmal Gedanken machen, wie viele weitere Menschen unsere Erde überhaupt noch verkraften kann. Zehn Milliarden, zwanzig Milliarden oder mehr? Wann ist eigentlich Schluss? Kommt es zu keinen Katastrophen oder großen Kriegen, haben wir bald 50 Milliarden. Wo sollen dann noch das Trinkwasser und die Nahrungsmittel herkommen, ganz zu schweigen vom für alles verantwortlich gemachten CO_2 Ausstoß?
Die Ideologie einer „vom Menschen gemachten Klimakatastrophe" wurde in den achtziger Jahren geboren, als englische Wissenschaftler bei der damals regierenden Margaret

Thatcher vorstellig wurden. Sie wollten mit einem schlüssigen Klimamodell die englische Wissenschaft wieder an die Weltspitze führen. Als Grundlage dafür nahmen sie den seit 1954 registrierten Anstieg des CO_2-Gehaltes in der Atmosphäre und behaupteten, dieser Anstieg wäre auf menschliche Aktivitäten zurückzuführen und würde die Menschheit in ein Chaos stürzen. Klimaveränderungen der vergangenen Jahrtausende wurden dabei allerdings nicht berücksichtigt.

Im Jahr 1990 stellte das neu gegründete IPCC (der Klimarat der Vereinten Nationen) seinen ersten Weltklimabericht vor, der in einhundert Jahren eine Katastrophe vorhersagte. In den Folgejahren musste das IPCC seine Aussagen zwar wesentlich abmildern, doch hatte es inzwischen internationales Gewicht erlangt. Politisch etabliert, nicht naturwissenschaftlich, spielte auch das Geld keine Rolle mehr, um in diese Richtung weiter zu arbeiten, so dass die sogenannte „Klimakatastrophe" auch die letzte Regierung der Erde erreichen konnte. Das Kyoto-Protokoll wurde geboren. Ohne auf die Warnungen anders denkender Wissenschaftler zu hören, begann vor allem die deutsche Regierung, die Wirtschaft des Landes „ökologisch" auszurichten und stieß dabei auf viel zu viele offene Ohren. Bedenklich ist, dass das Ergebnis der „nachhaltigen ökologischen Ausrichtung" eine stete Verarmung der heute noch reichen Industrieländer, Deutschland voran, zur Folge haben wird.

Wird es allerdings irgendwann wieder einmal kälter, so werden die gleichen Geister aufstehen und abermals behaupten, diese neue „Klimakatastrophe" wäre von Menschen gemacht. Und wieder werden die Forscher bereit sein, dieses durch „wissenschaftliche" Untersuchungen zu bestätigen und das aufgeschreckte Volk wird ängstlich folgen.

Dies sollte jetzt aber nicht heißen, dass die Menschheit so weitermachen kann wie in den letzten 100 Jahren. Die Energien müssen sauberer und der CO_2 Ausstoß weiter verringert werden. Es nützt allerdings sehr wenig, wenn nur eine kleine Nation wie Deutschland versucht die Welt zu retten. Dies muss ebenso global geschehen, wie auch unser Klima ist. Es nützt ebenso wenig, vom Auto wieder aufs Fahrrad umzusteigen. Wir müssen unsere Technik, unsere Erfindungen und Entdeckungen nur intelligenter nutzen. Erneuerbare Energien werden immer bedeutender werden, da diese nicht endlich sind. Nur, ein Umstieg von heute auf morgen kann nicht funktionieren. Es braucht allerdings viel Zeit, bis dies auch die Verantwortlichen begreifen. Für das „normale Volk" ist die Sache ja auch sehr einfach, solange der Strom aus der Steckdose kommt. Wie er dort hin kommt interessiert keinen, Hauptsache „grün" steht darauf. Bis wirklich alles im grünen Bereich liegt, ist es leider noch ein weiter und schwieriger Weg, der genau überlegt werden muss. Zurück zur Steinzeit wäre auf jeden Fall die falsche Richtung. Womit wir beim Thema Energiewende wären. Die Kernspaltung ist eigentlich eine der „saubersten" Energien. Es fallen kein CO_2 an, kein Ruß, kein Feinstaub und keine schädlichen Abgase an. Doch leider sind die Schäden bei Unfällen immens, was wir anhand der Katastrophen in Tschernobyl und Fukushima gesehen haben. Auch sind die Entsorgung sowie die Endlagerung bis heute nicht geklärt. Auf Dauer gesehen ist der Bau von Atomkraftwerken nicht der richtige Weg zur Energiegewinnung. Dies wurde bereits auch schon erkannt, aber wiederum nur Deutschland hat Konsequenzen daraus gezogen. Deutschland hat bereits über die Hälfte seiner Atomkraftwerke stillgelegt, der Rest folgt in Kürze. Doch was ist mit den anderen Ländern? Bleiben wir mal nur in Europa. Frankreich hat noch 60 Atomrektoren aktuell in Betrieb und setzt auch weiterhin auf Atomkraft. Der älteste Reaktor Europas steht in Beznau, in der Schweiz und ist auch gleichzeitig der älteste der Welt. Der marodeste steht in

Fessenheim in Frankreich. Beide direkt an der deutschen Grenze. Was bringt es nun, wenn Deutschland die sichersten Reaktoren der Welt stilllegt und seinen Strom aus den ältesten und gefährlichsten Meilern direkt an unserer Grenze bezieht?
Nun setzt Deutschland verstärkt auf erneuerbare Energien. Sonnen- und Windstrom, sowie Kraft-Wärmekopplungsanlagen werden staatlich gefördert. Kohlekraftwerke wurden ebenfalls stillgelegt. Doch zu welchem Preis? Milliarden wurden ausgegeben, um diese Energien zu fördern. Diese Subventionen, die über ein Viertel des Strompreises ausmachen, werden über die EEG-Umlage wieder hereingeholt und ausgeglichen. Somit hat Deutschland mit die höchsten Strompreise Europas.
Wäre man dies alles etwas langsamer und ruhiger angegangen, hätte man das gesteckte Ziel zwar nicht so schnell erreicht, aber die Preise wären stabil geblieben, der Netzausbau hätte rechtzeitig den Veränderungen angepasst werden können und die Solarindustrie wäre heute nicht größtenteils pleite. Da auch nur Deutschland diesen Weg gegangen ist, dürfte der Erfolg für die Klimabilanz weltweit gesehen im Promillebereich liegen.
Auch beim Feinstaub haben wir dasselbe Problem, wobei hier die Landeshauptstadt Baden-Württembergs im Vordergrund steht. Mit einem Heer von Umweltplaketten, Tempolimits und Vorgaben beim Motorenbau versucht man, dessen Herr zu werden. Doch selbst am Stuttgarter Neckartor ist der Verkehr nicht einmal für die Hälfte der Feinstaubbelastung verantwortlich und trotzdem konzentriert man sich dort nur auf den Verkehr. Dieselfahrzeuge, noch vor Jahren als sauberstes Fortbewegungsmittel gefördert, stellen sich jetzt als die angeblich schlimmsten Umweltsünder heraus und werden mit Fahrverboten belegt. Legt eigentlich immer die aktuelle Regierung fest, was gesundheitsschädlich oder sauber ist? Den Anschein hat es zumindest.

Wenn man über Fahrverbote von Dieselautos diskutieren will, sollte man wissen, dass Abgas nur den geringeren Teil beim Feinstaub im Verkehr verursacht. Der meiste entsteht dort durch Abrieb von Bremsbelägen und Reifen, auch bei Elektroautos! Vor allem schwere Laster wirbeln den Feinstaub immer wieder hoch.

Doch der Autoverkehr ist nicht allein verantwortlich für die Partikel in der Luft, die die Lungen schädigen. Andere Quellen sind Kraftwerke, Öfen und Heizungen in Wohnhäusern, die Tierhaltung oder verschiedene Industrieprozesse. Selbst Kerzen, ein offener Kamin oder schlecht gewartete Staubsauger setzen Feinstaub frei.

Zwar ist der Mensch weltweit bis zu 80 Prozent für die Bildung von Feinstaub verantwortlich, aber nur 5 Prozent kommen aus dem Straßenverkehr. Scheinbar kann auch nur dort eingegriffen werden, da dort am meisten zu holen ist. Aber auch die Natur produziert Staub, beispielsweise durch Waldbrände, Vulkane oder Stürme, die diesen selbst aus der Sahara bis nach Europa tragen. Diese natürliche Belastung beträgt zurzeit etwa 20 Prozent weltweit gesehen. Ein Naturereignis kann diesen Wert natürlich innerhalb weniger Tage wesentlich verändern. So haben zum Beispiel die verheerenden Vulkanausbrüche der vergangenen Jahrhunderte mehr Feinstaub in die Atmosphäre hochgeschleudert, als dies unsere Industrie und unsere Autos je zustande bringen werden. Und – welch ein Wunder – die Natur hat sich immer wieder erholt und ist dessen Herr geworden.

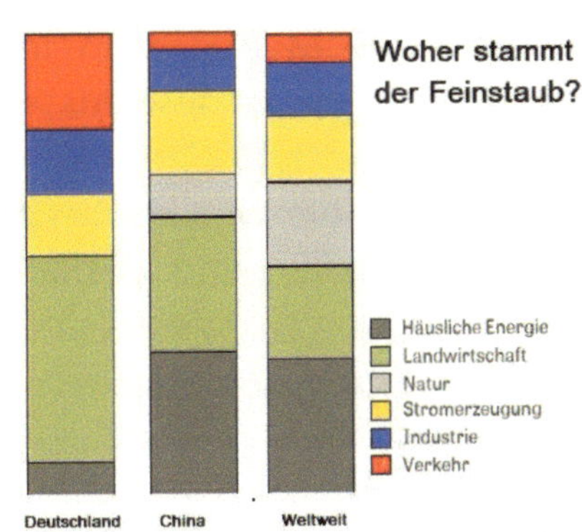

Ein weiteres Paradoxon ist, dass die Grenzwerte für Feinstaub am Arbeitsplatz gegenüber denen am oben erwähnten Stuttgarter Neckartor erheblich überschritten werden dürfen. Dort liegt der Grenzwert für die Belastung der Außenluft bei 50 Mikrogramm pro Kubikmeter Luft. Der zulässige Luftgrenzwert am Arbeitsplatz liegt jedoch bei 10 Milligramm pro Kubikmeter. Das ist das 200fache des zulässigen Wertes für die Außenluft! Eine Studie des Deutschen Allergie- und Asthmabundes ergab außerdem, dass die Konzentration an Feinstaub in Haushalten, Schulen und Kindergärten oft höher ist als im Freien. Dort wurden Spitzenwerte von bis zu 280 Mikrogramm nachgewiesen. Besonders dicke Luft herrscht laut dieser Studie mit bis zu 1.000 Mikrogramm in Büros. Da der Mensch 90 Prozent seiner Zeit in geschlossenen Räumen verbringt, hat eigentlich die Innenluft eine wesentlich größere Bedeutung für die Gesundheit. Aber wen interessiert dies denn schon? Dort ist doch nichts zu holen und deshalb bleibt dieses Thema auch weiterhin tabu.

Ähnlich sieht es bei den Stickoxyden aus, für die ebenfalls der Diesel verantwortlich sein soll. Diese sollen im Extremfall die Lungen reizen, doch ob sie wirklich so schädlich sind, wurde noch nicht eindeutig nachgewiesen.

Nach Vorstellung unserer Bundesregierung sollten bis zum Jahre 2020 eine Million Elektrofahrzeuge auf unseren Straßen rollen. Hierfür wurden 1,2 Milliarden Euro zur Verfügung gestellt. Doch diese Subventionen erwiesen sich schon innerhalb kürzester Zeit als Flop. Wer nimmt auch freiwillig Nachteile wie lange Tankstopps oder kurze Reichweiten in Kauf, die diese Fahrzeuge mit sich bringen? Wie müssten Tankstellen aussehen, an denen täglich tausende Autos fünf bis acht Stunden stehen würden, um zu tanken? Außerdem hat bisher anscheinend noch niemand daran gedacht, dass der Strom hierfür auch nicht schadstofflos aus der Steckdose kommt.

Wäre diese Aktion erfolgreicher gewesen, hätte man den Schadstoffausstoß nur von der Straße auf die Stromerzeugung umgelagert. Dazu kommen noch bisher nicht genau berechnete Umweltprobleme bei der Batterieherstellung. Am Ende stellt sich gar noch heraus, dass ein Umweltproblem durch ein noch größeres abgelöst und gefördert werden soll. Muss immer alles sinnlos subventioniert werden? Es darf wohl erlaubt sein, zu hinterfragen, wie wohl damals die Umstellung von der Pferdekutsche auf das Auto ganz ohne Subventionen funktioniert hat. Interessant ist dieses, von einem unbekannten Verfasser stammende Zitat: „Wenn China zur Werkbank, Indien zum globalen Dienstleister und Russland zur Zapfsäule wird, muss sich Deutschland in dieser Arbeitsteilung als Techniker für Effizienz, Ressourcenschonung und Klimaschutz neu positionieren". Nicht bedacht hat er dabei, dass Deutschland flächenmäßig ein sehr kleines Land und doch Weltspitze ist, aber durch diese Umweltpolitik seinen Spitzenplatz verlieren würde. Man braucht nur mal auf die Weltkarte schauen, dann wird wohl jedem das Größenverhältnis Deutschlands zur übrigen Welt klar. Was nützt es, wenn andere Länder diesen Techniker, der meint, alles besser zu wissen, nicht akzeptieren? Was ist Deutschland klimapolitisch gesehen schon gegen diese Großmächte? Deutschland kann gegen all diese Länder nur wenig ausrichten, aber langfristig seine Vormachtstellung verlieren. Klar muss immer einer anfangen, aber was bringt es, wenn die Anderen nicht folgen und nur diesen Außenseiter ausnutzen?

Deutschland kann sich für eine Energiewende und die damit vermeintlich verbundene Umkehr des Klimawandels einsetzen und dafür werben, soviel es will, denn das ist lokal gesehen gegen den weltweiten Klimaschutz nur sehr wenig. Hier nutzt auch eine Hoffnung auf eine globale Trendumkehr nicht viel. So muss auch das Vorhaben der Deutschen Regierung, den

Ausstoß von Treibhausgasen in der EU bis 2020 um 30 Prozent zu reduzieren mehr als skeptisch angesehen werden. Zwar hat die EU 2012 schon einen Emissionsrückgang um 18 Prozent erreicht, doch nicht nur Polen wird wegen seiner vielen Kohlekraftwerke hier auf stur schalten und die Schuldenkriese verhindert ebenfalls eine europäische Energiewende. Ländern wie Griechenland fehlt einfach das Geld, um alte Dieselgeneratoren gegen Sonnenkollektoren zu ersetzen.

Die aberwitzigste Maßnahme zur Reduzierung des CO_2-Ausstoßes ist nun der Bundesregierung in Deutschland mit der Einführung einer CO_2-Steuer eingefallen. Dahinter steckt wohl der Gedanke: Man bezahlt ganz einfach eine Steuer für die Erzeugung von CO_2 und schon wird dieses umweltfreundlich und trägt nicht mehr zu einem möglichen Klimawandel bei. Um der Einführung dieser Steuer Nachdruck zu verleichen, sind in Deutschland sogar tausende Menschen auf die Straße gegangen. Dies grenzt fast schon an Dummheit.

Heizöl, Gas, Benzin und Diesel sollen dadurch teurer werden. Wie naiv muss man sein, um zu glauben, dadurch würde weniger geheizt oder weniger Auto gefahren. Wenn es kalt wird, muss einfach geheizt werden. Es kostet dann eben mehr, aber frieren will keiner. Sollte es allerdings tatsächlich wirklich wärmer werden, würde dies zu einem positiven Effekt führen und dann können natürlich Heizkosten gespart werden. Muss man von A nach B um einzukaufen oder um zu seiner Arbeitsstelle zu gelangen, wird man sich auch weiterhin in sein Auto setzen, zumindest auf dem Lande. Der Weg zur nächsten Bushaltestelle ist einfach zu weit und die Busse fahren zu wenig. Das Fahrrad dient höchstens zur Freizeitgestaltung, aber noch lange nicht als Transportmittel wie in Indien oder China.

So bringt die Angst vor einem möglichen Klimawandel wenigstens einen Gewinn für die Staatskasse. Wenn unsere Industrie und damit unser Spitzenplatz in der Weltwirtschaft auch langsam für den Klimawandel geopfert wird, scheint die Bundesregierung in Deutschland beim Erfinden neuer Steuern und Abgaben, oder Nachteilen für die Bürger, immer noch Weltspitze zu sein.

Wäre es nicht zu ernst, könnte auch das Vorgehen von Greta Thunberg als Lachnummer bezeichnet werden. Ein krankes Mädchen stellt sich vor die Vereinten Nationen, um ihnen die Leviten zu lesen und wirft ihnen vor, ihre Kindheit kaputt gemacht zu haben. Die Unerbittlichkeit, mit der sie Untergangsszenarien beschreibt und jeden grenzenlos beschimpft, der nicht bereit ist, den Maximalforderungen 100prozentig zuzustimmen ist erschreckend. Noch schlimmer ist die Reaktion der beschimpften Erwachsenen, die ihrer eigenen Abwertung noch applaudieren. Eine „Heilige", in Schweden verachtet, hat in Deutschland damit viele Nachfolger. Als größten Erfolg kann sie für sich verbuchen, dass sie erreicht hat, dass in Deutschland freitags die Schule geschwänzt wird. Aber auch dies wird wohl kaum zu einer Veränderung des Klimas hin führen – weder positiv noch negativ. Außerdem ist es paradox, wenn in Deutschland Jugendliche behaupten, dass sie Angst hätten, in dieser Welt zu leben. Angst müssten die vorherigen Generationen gehabt haben, die wirkliche Kriege, Katastrophen und Hunger erlebt haben. Diese haben unter großen Anstrengungen und Verzicht alles aufgebaut, von dem unsere Wohlstandskinder heute profitieren.

Von den Grünen hat nur einer, Boris Palmer, in einem Gastbeitrag mit dem Titel „Liebe Greta, keine Panik!" in der „Bild"-Zeitung, auf „Klima Gretels" Rede vernünftig geantwortet: „Nein, wir haben deine Jugend nicht zerstört. Wir haben eine Welt erschaffen, die bessere Lebenschancen für junge Menschen bietet als jemals zuvor in der Geschichte." Die erste Generation, die in ihrem Leben auf nichts mehr verzichten musste, hat nun im Klimawandel ihr Heilsprojekt gefunden. Dabei gäbe es für die FFFs viel zu tun, was aber anstrengender wäre als zu demonstrieren. Konsumverzicht, Verzicht aufs Elterntaxi, aufs Handy, im Umwelt- und Naturschutz mitarbeiten oder Parks und Landschaften von Müll zu säubern. In der Realität jedoch hinterlassen die „Gretajünger" nach ihren Demos tonnenweise ihren Wohlstandsmüll. Umwelt- und Klimaschutz sieht anders aus.

Dass die Energiewende mittlerweile gescheitert ist, müsste inzwischen jedem einleuchten, denn die horrenden Kosten von mehreren 100 Milliarden Euro haben keinerlei Einsparungen an CO_2 gebracht. Der Einfluss von Wind und Sonnenenergie kann nicht außer Kraft gesetzt werden, auch wenn manche dies glauben. Nur auf E-Mobilität zu setzen bringt noch mehr Probleme wie z. B. die Rodung von Wäldern für immer größere Windanlagen, fehlende Trassen und Speichermöglichkeiten, oder Probleme mit den Batterien (Rohstoffe) und Ladestationen. Genauso das notwendige und teure Backup durch konventionelle Kraftwerke, die zur Stabilisierung des Stromnetzes am Netz gehalten werden müssen.

Wir müssen langsam umdenken und nicht Abermilliarden Euro für einen Null-Effekt ausgeben. Vernünftiger Umweltschutz muss zwar sein, aber hysterische, und völlig unvernünftige Forderungen gegen Weltuntergangs-Phantasien, die unsinnige Milliarden kosten sind fehl am Platz. Außerdem zerstören diese die heimische Industrie und Wirtschaft, auf denen doch der Reichtum des Landes beruht.

Weltweit gesehen setzen die USA, der zweitgrößte Treibhaus-sünder, durch die Ausbeutung von Gas aus tiefen Gesteins-schichten gerade auf eine fossile Energiewende. Selbst die US-Republikaner glauben, als ernst zu nehmende politische Kraft, nicht an den Klimawandel. Der neue Präsident Trump hat mit dem Ausstieg aus dem Pariser Energieabkommen auch bereits erste Fakten geschaffen. Und China, die größte Treibhausgasschleuder? Von der dortigen Führung wird keine ambitionierte Klimapolitik in den nächsten Jahren erwartet. Damit scheint klar: Eine Trendumkehr beleibt wohl weiterhin nur Wunschdenken!

Ist CO_2 und Klimawandel wirklich ein Problem oder scheint es nur eines zu sein wie das vorher beschriebene Waldsterben und Ozonloch? Die Menschen brauchen solche „Scheinprobleme" um von wirklichen Problemen abzulenken. Man braucht sich nur noch mal an das Scheinproblem zur Jahrtausendwende erinnern. Weltweit wurden Milliarden ausgegeben, um Computer jahrtausendsicher zu machen. Doch was ist passiert? Überhaupt nichts, auch bei denen nicht, die dieses Problem ignoriert haben.

So wird es auch beim Klimawandel sein. Weil nichts passiert ist, werden die CO_2-Schwindler irgendwann behaupten, sie hätten die Welt gerettet. War und ist es doch bei den afrikanischen Regentänzen oder bei den Weltuntergangsszenarien der Zeugen Jehovas nicht auch so?

Es ist noch keine 50 Jahre her, da waren unsere Wissenschaftler davon überzeugt, dass es kälter wird, und wir am Beginn einer neuen Eiszeit stehen. Da damit nichts zu gewinnen war, spielen sie dieses Spiel heute genau umgekehrt. Heißt dies etwa, dass sie inzwischen schlauer geworden sind? Nein, denn wirklich wissen tut es keiner. Dafür ist der Beobachtungszeitraum von 150 Jahren, im Verhältnis zu den 250 Millionen Jahren, die zwischen den großen Eiszeiten liegen, viel zu kurz.

Wir sollten uns wirklich langsam überlegen, ob wir für den Versuch, eine Klimaveränderung zu verhindern, weiterhin Milliarden von Euro ausgeben wollen, oder ob wir nicht einfach dieses Geld nehmen sollten, um uns dieser Veränderung anzupassen.

Welche Konsequenzen können wir aus den Erfahrungen mit den vergangenen Klimaperioden ziehen?

Die Geschichte des Klimas lehrt uns, dass Erderwärmung für die Entwicklung von Mensch, Tier und Pflanzen bisher eigentlich noch nie negativ war. In den Warmzeiten der Erde entwickelte sich alles Leben viel schneller und besser. Die Blütezeiten aller Kulturen der vergangenen Epochen lagen immer in den Warmzeiten, denn dort hatte das Leben Hochkonjunktur. Auch der Beginn des Industriezeitalters und dessen Aufstieg laufen parallel zu einer Warmzeit. Je länger diese andauert, umso weiter können wir uns entwickeln, und umso weiter kommt der Fortschritt voran. Was soll denn daran nun schlecht sein?

Genau so läuft es mit der Entwicklung der Menschen. Derzeit leben knapp 8 Milliarden Menschen auf unserer Erde. In nur einmal 100 Jahren könnte sich diese Zahl mehr als verdoppeln. Ob es soweit kommt, kann niemand voraus sagen, aber dieses Szenario ist reell und sehr wahrscheinlich. Wie sich die Menschheit, die Anzahl der Menschen auf unserem Globus weiter entwickelt, hängt von vielen Faktoren ab. Kriege, Krankheiten, Seuchen, Hungersnöte oder Umweltverhältnisse beeinflussen diese Entwicklung ständig, aber mit Sicherheit auch unser Klima und womöglich neue Klimakatastrophen. Andererseits könnte sich diese Entwicklung auch wieder umkehren, wie dies in Europa bereits der Fall ist. In den einzelnen Ländern der Europäischen Union ist die Zahl der Kinder sehr unterschiedlich. Im Durchschnitt kommen hier auf eine Frau ca. 1,6 Kinder. Deutschland liegt sogar weit unter diesem Durchschnitt. Der Erhalt der Bevölkerung ist nach Meinung von Wissenschaftlern in den Industrieländern aber erst bei 2,1 Kindern pro Frau gesichert. Sollte sich diese

Entwicklung auch in Afrika oder Asien durchsetzen, bräuchte man sich über eine Bevölkerungsexplosion keine Gedanken mehr machen.

Um zu sehen, wie das Klima zur Entwicklung der Menschheit bisher beigetragen hat, braucht man nur einmal die letzten drei Warmzeiten seit Christi Geburt betrachten. So fällt zum Beispiel der Aufstieg des Römischen Reiches in die erste. Ein noch nie dagewesenes Weltreich, in dem viele Völker der Herrschaft Roms unterworfen waren und dessen Größe alles Bisherige übertraf. Doch mit der zu Ende gehenden Warmzeit war auch dessen Schicksal besiegelt und nach und nach fiel dann auch dieses Imperium wieder auseinander. Mit der Wärme schwanden auch der Glanz, die Macht und der Einfluss Roms. Von Zufall kann hier wohl keine Rede sein, denn dies war in der Vergangenheit ja schon öfters so.

Die nächste Warmzeit war im Mittelalter. Trotz kriegerischer Zeiten wurden im Mittelalter die meisten Entdeckungen und Eroberungen gemacht. Es war das Zeitalter der großen geographischen Erforschungen und weitete den Blick der Europäer für bisher unbekannte Teile der Erde in Asien, Afrika und Amerika. In Europa entstand die frühkapitalistische Wirtschaftswelt, aber auch die Kolonialzeit wurde eingeläutet, eine Epoche der Unterdrückung, Ausbeutung und Ausrottung von Völkern durch europäische Großmächte. Christoph Kolumbus entdeckte Amerika. Vasco da Gama fand den Seeweg nach Indien. Der Portugiese Cabral landete an der südamerikanischen Küste des heutigen Brasiliens. Magellan und nach ihm der Engländer Francis Drake umsegelten die Erde.

Während des Frühmittelalters wurden in Deutschland so gut wie keine neuen Erfindungen gemacht. Das Land musste nach der Völkerwanderung neu geordnet werden und die Menschen für ihr tägliches Brot schwer arbeiten. Jeden Tag Arbeit und dann noch die Unterdrückungen der Herren. Das Klima war kalt und feucht und die Nahrung reichte kaum für die ganze Bevölkerung. Für neue Ideen war da kaum Platz.

Aber ab dem Hochmittelalter setzte dann, gleichzeitig mit der Klimaerwärmung, die Zeit der Erfindungen ein. Allen voran die landwirtschaftlichen Errungenschaften, die die Erträge der Feldarbeit ergiebiger machten und somit mehr Menschen mit Nahrung versorgt werden konnten. Es war nun also wärmer, die Menschen waren gut genährt und hatten somit auch vermehrt Zeit, sich um andere Dinge zu kümmern, als um das tägliche Überleben. Nach und nach wurde die Geistestätigkeit angeregt, und so brachten das Hochmittelalter und vor allem das Spätmittelalter viele neue Erfindungen mit sich:

Durch Windmühlen konnte erstmals die Kraft des Windes genutzt werden. Die Erfindung des Spinnrades, des Webstuhles und der Schubkarre fallen in das Mittelalter. Erstmals konnten Leuchttürme Schiffen den Weg weisen. Die erste Uhr mit Zahnrädern wurde gebaut und später kam die Taschenuhr dazu. Zum ersten Mal konnte Papier hergestellt werden. Die treibende Wirkung des Schwarzpulvers wurde entdeckt und erste Geschütze erfunden. Anfang des 15. Jahrhunderts erfand Johannes Gutenberg aus Mainz den Buchdruck mit beweglichen Lettern, der es mit der Erfindung der Druckerschwärze ermöglichte, Bücher in großer Stückzahl herzustellen. Der Kompass wurde erfunden, welcher neue Möglichkeiten in der Seefahrt schuf. Die erste Postlinie in Deutschland wurde eröffnet. Auch die Erfindungen und Entdeckungen von Leonardo da Vinci fallen in jene Zeit.

Mit dem Ende der Warmzeit kamen die Pest, Hungersnöte und der 30-jährige-Krieg. Die Hochzeiten des Mittelalters und dessen Blütezeit waren endgültig vorbei. Es wurde kälter und die Zeiten wurden schlechter. Die Menschen mussten Europa verlassen und suchten ihr Glück in der neuen Welt, in Amerika. 1816 war gar das „Jahr ohne Sommer" mit Hunger, Not und vielen Entbehrungen. Erst nach 1850 sollte es mit dem Anstieg der Temperatur wieder aufwärts gehen.

Mit der dritten, heutigen Warmzeit kam die Wirtschaft wieder in Schwung. Das Industriezeitalter begann, überschattet durch zwei Weltkriege, die den Erfindungsgeist der Menschen zwar anregten, die Wirtschaftslage aber die Ausführung der Ideen bremste.

Laut Klimaforscher ist der Temperaturanstieg angeblich noch nie so rasant vor sich gegangen wie in den vergangenen 150 Jahren, was so aber wiederum nicht ganz stehen gelassen werden kann. Die Vergangenheit lehrt uns da anderes, was auch bewiesen werden kann. Das Diagramm auf Seite 42 zeigt uns, dass zu Beginn von Warmzeiten die Temperatur immer schnell anstieg, danach ein Plateau bildete, mal länger, mal kürzer, um wieder ziemlich schnell abzusacken. So gesehen ist der letzte Temperaturanstieg ganz normal und gibt keinen Anlass zur Besorgnis. Wann das Plateau endgültig erreicht ist, kann heute noch niemand sagen, allerdings ist die Temperatur in den letzten Jahren nicht mehr merklich angestiegen. Somit könnten wir uns nun womöglich in der Hochzeit der aktuellen Warmzeit befinden. Wie lange diese nun andauern wird, kann wiederum auch niemand voraus sagen.

Ganz sicher ist jedoch, dass auch die neuzeitliche Warmzeit wieder viele Vorteile, Erfindungen und Entdeckungen für die Menschheit gebracht hat. Das Automobil und das Flugzeug wurden erfunden, der elektrische Strom wurde entdeckt und die Atomkraft genutzt, und selbst bis zum Mond sind wir schon gekommen. Auch die Sterne sind mittlerweile in unmittelbare Nähe gerückt. Fast täglich werden neue Patente angemeldet. Mit der Erfindung und Entwicklung des Computers und der Telekommunikation konnte die ganze Welt vernetzt werden und selbst das größte Archiv kann heute auf einem Chip, kleiner als ein Fingernagel gespeichert werden. Wie unsere Welt heute ohne diese Warmphase wohl aussehen würde, weiß niemand, aber mit Sicherheit hätte sich vieles anders entwickelt.

Natürlich hat der Fortschritt auch Umweltprobleme mit sich gebracht, aber immer alles darauf zu schieben ist nun eben auch nicht richtig. Auch früher hatte man Umweltprobleme durch verschmutzte Gewässer oder Seuchen. Doch was sind unsere Umweltprobleme heute?

Der CO_2 Ausstoß steht hier an erster Stelle und der soll angeblich auch für die Erwärmung der Erde verantwortlich sein. Dass dies so nicht ganz zutrifft, wurde auch schon ausführlich beschrieben. Außerdem bewirkt ein Temperaturanstieg von nur einem Grad auch nicht allzu viel auf unserer Erde, denn sonst wäre sie ja auch schon längst zugrunde gegangen. Erst bei zehn Grad oder mehr ist das Leben gefährdet, bei 20 Grad bedroht, aber noch lange nicht ausgestorben. Man darf diese Temperaturen, diese Temperaturanstiege allerdings nicht mit den heißen Wüsten vergleichen, man müsste hier eher ein angenehmeres Tropenklima zugrunde legen.

Die Zeit des 20. Jahrhunderts bis heute ist auch nicht Spitzenreiter, was den CO_2 Anteil in der Atmosphäre betrifft, wenn dies auch immer wieder behauptet wird. Nach großen Vulkanausbrüchen in der Vergangenheit war dieser höher als in unseren Zeiten.

Vielleicht ein Umweltproblem ist auch der befürchtete Anstieg des Meeresspiegels. Dass ein Abschmelzen der nördlichen Polkappe hier kaum Auswirkungen hat, wurde ja bereits auch schon festgestellt. Allerdings muss im Laufe der Jahrtausende der Meeresspeigel doch steigen, denn durch Erosion, werden jährlich 23 bis 26 Milliarden Tonnen Erde, Sand und Geröll über Flüsse ins Meer gespült. Der Huanghe in China zum Beispiel ist einer der wasserreichsten Flüsse unserer Erde. Durch heftige Regenfälle steigen seine Wassermassen immer wieder an und schwemmen so tausende von Tonnen gelben Löss ins Meer hinaus. Daher kommt der Name Gelber Fluss (Huanghe), der ins Gelbe Meer mündet. Bei der Erosion lagern sich Geröll und Steine, also die schwereren Teile bereits an der Flussmündung ab. Deshalb schiebt sich das Flussdelta auch immer weiter ins Meer hinein. Der leichtere Sand wird allerdings weit ins Meer hinausgetragen, wo er sich auf dem Grund des Schelfs ablagert. Die am längsten schwebenden feinsten Teilchen schaffen es allerdings noch viel weiter hinaus und sinken erst in der Tiefsee auf den Meeresboden ab.

Erosion ist eine natürliche Erscheinung und gab es schon bevor der Mensch die Erde eroberte. Diese kann auch von Menschen nicht aufgehalten werden. Dazu kommt der Wind, der Sand, Staub oder auch Vulkanasche über weite Entfernungen auf das Meer hinaus trägt. Die Sedimentschichten der Tiefsee bestehen allerdings zumeist aus den Überresten abgestorbener Lebewesen. Unaufhörlich sinken ihre Skelette und Schalen hinab in die Tiefe, wo sie zu gewaltigen Schichten anwachsen. Diese Schichten sind im Laufe der Zeit hunderte oder teilweise gar tausende Meter dick geworden

Auch an den Küsten weltweit nagen die Fluten und tragen dort Sand und Gestein ab. Sehr deutlich kann das an den Kreidefelsen auf Rügen beobachtet werden, wo jährlich tausende Tonnen von Gestein vom Meer verschluckt werden.

Dies alles lagert sich auf dem Meeresboden ab, so dass sich dieser ganz langsam aufbaut und das Wasser verdrängt. Damit steigt dann auch der Meeresspiegel, aber mit Klimawandel oder Erderwärmung hat dies wenig zu tun.

Ein weiterer Punkt sind unterseeische Vulkanausbrüche, die teilweise soweit gehen, dass sie neue Inseln im Ozean bilden, oder bereits vorhandene noch vergrößern. Oft bilden sich durch aus der Erde quellendes Gestein auch große Lavakissen auf dem Meeresboden. Auch diese Eruptionen tragen zur

Wasserverdrängung bei und der einzige Ausweg, der dem Wasser bleibt ist nach oben.

Nicht unterschätzt werden sollte auch die Masse an Meteoriten, die täglich darnieder prasseln. Diese landen zumeist auch im Meer, da die Landflächen auf der Erde viel kleiner sind als die Weltmeere.

Es ist also mehr als logisch, dass der Meeresspiegel durch diese Ereignisse unweigerlich steigen muss. Dies ist naturbedingt und hat mit Klimawandel oder menschengemachten Problemen nichts zu tun. Irgendwann werden mit Sicherheit bestimmte Küstengebiete überflutet oder auch kleine Inseln im Meer versunken sein. Bei alledem machen allerdings zehn Jahre kaum etwas aus und fallen nicht allzu sehr ins Gewicht, aber tausend, zehntausend oder hunderttausend Jahre dann schon.

Auch das Artensterben ist bei weitem nicht so tragisch, wie dies immer dargestellt wird. Es war schon immer der Lauf der Zeit, dass Arten kommen und gehen. Wie viele Tier- oder Pflanzengattungen haben schon auf der roten Liste gestanden und deren Bestände haben sich wieder vollkommen erholt. Ja manche so sehr, dass sie schon wieder zur Plage werden. Der Biber galt in Baden Württemberg als fast ausgestorben. Heute wird bereits schon wieder darüber diskutiert, ob er wegen der großen Schäden wieder bejagt werden muss.

Verschwindet mal eine Gattung komplett von der Bildfläche dieser Welt, ist dies zwar bedauerlich, aber ganz normal, denn über 99 Prozent aller Arten die jemals die Bühne des Lebens betraten sind mittlerweile wieder ausgestorben. Zukünftig wird sich daran auch nichts ändern.

Und die Klimaflüchtlinge? Auch die hat es in der Vergangenheit schon öfters gegeben, doch Gutes haben sie bisher noch nicht mit sich gebracht. Allerdings hatten sie es noch nie so leicht wie heute. Früher wehrte man sich dagegen auf Leben oder Tod, heute werden sie willkommen geheißen. Schleuserbanden bringen sie gegen Bezahlung in Länder, wo Milch und Honig fließt und dort werden sie oft besser behandelt als das eigene Volk. Dabei dürfte es diese Klimaflüchtlinge zurzeit eigentlich nicht geben, denn das Klima ist günstig. Aber gerade weil das Klima günstig ist, verdoppelt sich die Bevölkerung Afrikas innerhalb von 30 Jahren. Da sich in der Landwirtschaft auf diesem Kontinent kaum was verändert, kann er die wachsende Bevölkerung auf Dauer nicht mehr ernähren. Bevor die Europäer nach Afrika kamen, gab es diese Probleme über Millionen von Jahren nicht. Es klingt zwar schrecklich, aber durch eine natürliche Auslese blieb die Bevölkerungszahl dort über Jahrtausende konstant und das Land ernährte die Menschen. Auch solche Zeiten gab es in Europa schon einmal. Im Mittelalter überlebte meist nur jedes dritte oder vierte Kind und konnte eine neue Familie gründen. Es mag zwar ethisch und moralisch in Frage gestellt werden, aber bei aller ärztlichen Versorgung und Rettung vor dem Hungertod sollte vielleicht auch einmal über eine Geburtenkontrolle nachgedacht werden, denn jeder Gerettete verzehnfacht sich ebenfalls wieder innerhalb von 30 Jahren.

Zu diesem Thema schreibt eine bekannte Umweltorganisation, dass in den nächsten 30 Jahren weltweit 200 Millionen Klimaflüchtlinge drohen, wenn sich der menschengemachte Klimawandel so wie bisher fortsetzt. Das ergab eine Studie über Klimaflüchtlinge, die sie anlässlich des UN-Weltflüchtlingstages vorgestellt hatte. Diese besagt, dass sich aufgrund der globalen Klimaerwärmung die Lebensbedingungen für Hunderte Millionen Menschen, insbesondere in den ärmsten Ländern der Welt, so dramatisch verschlechtern, dass sie gezwungen sein werden, ihre Heimat zu verlassen, um zu überleben. Schon heute wären mehr als 20 Millionen Menschen auf der Flucht vor den Auswirkungen des Klimawandels, was mehr als der Hälfte aller Flüchtlinge weltweit entspreche. Besonders betroffen seien unter anderem die Sahel Zone in Afrika, Bangladesh und viele Inseln im Südpazifik.

Dies kann man aber auch anders sehen. Dass der Klimawandel weitestgehend nicht menschengemacht ist, wurde ja bereits ausführlich beschrieben. Auch dass sich die Lebensbedingungen aufgrund der Erwärmung in Afrika negativ verändern, trifft nur teilweise zu. Die Lebensbedingungen ändern sich hauptsächlich durch das Wachstum der Bevölkerung. Laut UN lebten 1950 etwa 230 Millionen Menschen auf diesem Kontinent. 2010 waren es bereits 1.022 Millionen, was einer Steigerung von über 440 Prozent innerhalb von 60 Jahren entspricht. Bis 2040 sollen es schon über zwei Millionen sein. Die Länder Afrikas hätten auch vor 200 Jahren, als „die Welt noch in Ordnung war", diese Menschenmasse nicht ernähren können.

Schauen wir uns mal die Sahel Zone am Rande der Sahara näher an, so trifft es zu, dass es 1968 dort nicht regnete und eine Trockenzeit begann. Das Vieh verdurstete und die Menschen flüchteten in die Städte und wurden dort immer ärmer, da sie sich nicht mehr selbst ernähren konnten. Wie oft es vorher in der Sahara geregnet hat, sei einmal dahingestellt.

Dass die Probleme in der Sahel Zone mit einem Klimawandel zusammenhängen ist reine Utopie. Auf Wetter24 ist hierzu ein interessanter Bericht von Frank Abel zu lesen: „Globale Erwärmung = grünere Sahara? – mehr Regen in der Sahara". Dort schreibt er, dass in dieser Wüste in den letzten Jahren laut Wetterstatistik einzelne, aber gebietsweise kräftige Regenfälle registriert wurden. Außerdem haben die meisten der 40 Wetterstationen in der Sahel Zone seit Mitte der 1980er Jahre mehr Regen gemessen als je zuvor!

Weiter schreibt er, dass tatsächlich durch die Zunahme an Niederschlag an den Wüstenrändern auch die Vegetation zugenommen habe. Zum Teil würden wieder Flächen landwirtschaftlich genutzt, die in den 1980er Jahren noch unbewohnt und leer waren. Der Afrika-Bericht der Vereinten Nationen von 2008 bestätigt diesen Trend. Dort wird von einem Vegetations-Zuwachs von 50 Prozent in Teilen von Mali, Mauretanien und dem Tschad zwischen 1982 und 2003 berichtet.

Genau das Gegenteil steht im Bericht des Weltklimarates. Dieser hat uns bei steigenden Temperaturen der Sahara in den kommenden Jahrzehnten dort ein Rückgang der Niederschläge um 20 Prozent oder mehr vorhergesagt. Auch die Untersuchungen des Wüstenforschers Dr. Kröpelin widersprechen der Prognose des Weltklimarats. Nach Auswertung von geologischen Daten der letzten 6.000 Jahre kam dieser zu dem Schluss, dass sich die Wüste immer ausbreitete, wenn die Temperatur fiel und bei steigenden Temperaturen die Wüste kleiner wurde.

Doch warum fällt mehr Regen? Wird die Hitze größer, führt dies zu einem stärkeren Hitzetief. Die heiße Luft steigt auf und dadurch kommt es dazu, dass der Luftdruck am Boden fällt. Nun ist das Druckgefälle vom Atlantik her größer, sodass von dort leichter die feuchtere Luft herankommen kann. Zudem sorgt ein Anstieg der globalen Temperatur dafür, dass mehr Wasserdampf in der Luft aufgenommen werden kann, wodurch auch mehr Niederschlag, also Regen, fallen kann.

Und noch ein Effekt kommt hinzu: Durch die hohe Konzentration an CO_2, also Kohlendioxid in der Luft, kommt es bei den Pflanzen zu einer effektiveren Ausnutzung des Wassers. Diesen Effekt nennt man " CO_2-Düngung".

Dies wird allerdings wiederum von den meisten Wissenschaftlern komplett ignoriert. Für sie ist CO_2 nur ein schädliches Gas, das angeblich zur Erderwärmung beitragen soll.

Was bringt uns die Zukunft?
Was passiert wirklich?

Ganz sicher ist, dass sich bei Klimaverschiebungen das Leben auf der Erde immer verändert hat und dies auch in Zukunft so ist. Selbst die größte Katastrophe in der Erdgeschichte vor 65 Millionen Jahren konnte die Umwelt nicht vollkommen zerstören, sondern nur verändern. Obwohl damals 90 Prozent alles Lebens ausgestorben ist, hat sich die Natur wieder erholt und der Artenreichtum ist heute größer denn je. Was auch kommen wird mag zwar problematisch sein, aber die Natur ist seit Milliarden von Jahren mit allen Problemen immer wieder fertig geworden. Die Natur kann selbst mit Problemen fertig werden, wie wir sie uns in unserer Phantasie nicht einmal vorstellen können.

So wie sich ein paar Weltverbesserer unsere Erde vorstellen funktioniert es auch nicht. Diese Vorstellungen sind Utopie. Die Natur lässt sich nicht ins Handwerk pfuschen und bestimmt selber, wohin es gehen soll. Die Natur wird niemals völlig sterben, höchstens der Mensch an sich.

In den vorangegangenen Kapiteln konnte festgestellt werden, dass Warmzeiten immer den Fortschritt brachten, Kaltzeiten bedeuteten jedoch immer Stillstand oder Rückschritt. Dies betrifft nicht nur die Menschheit mit ihrer Technik, sondern genauso die von Menschen unberührte Natur.

Immer wieder wird jedoch behauptet, sollte es wärmer werden, nimmt die Trockenheit zu. Dadurch würde der Regenwald zurückgehen, die Landwirtschaft hätte geringeren Ernten zu beklagen, die Wasservorräte würden zurückgehen und die Vegetation würde durch die Hitze großflächig absterben, es würde mehr und größere Dürren geben. Doch das Gegenteil dürfte der Fall sein, denn je wärmer es wird, umso mehr Wasser wird verdunsten und dadurch regnet es zwangsläufig auch mehr.

Sollte es tatsächlich so warm werden wie früher einmal, könnte die Sahara wieder grün werden, so wie sie es vor sechs- bis achttausend Jahren schon einmal war. Forscher haben herausgefunden, dass damals blühendes Leben geherrscht haben muss. Reißende, lebensspendende Flüsse aus den Bergen haben Seen gespeist, die von sattem Grün umgeben sein dürften. Wo heute totale Dürre herrscht, scheint sich auch der Mensch wohl gefühlt zu haben. Davon zeugen immer neu entdeckte Siedlungsspuren.

Trotzdem können sich hartnäckige Mythen um den Klimawandel immer noch halten, denn in den Medien wurde und wird immer noch behauptet, dass eine globale Erwärmung gerade den südlich der Sahara liegenden Sahel-Gürtel besonders hart treffen würde. Die Wüste werde sich dort weiter ausbreiten und die Menschen dort vertreiben. Nach dieser nicht auf wissenschaftliche Kenntnisse berufener These wurden ganze Bücher geschrieben, denen auch viel Beachtung geschenkt wurde.

Doch das Gegenteil ist der Fall: Tatsache ist, dass die Region in der sich heute die größte Wüste der Welt befindet gerade in ihrer größten Blüte stand, als, zumindest auf der nördlichen Erdhabkugel, Temperaturen von zwei bis drei Grad über den heutigen herrschten. Es war die wärmste Zwischenzeit seit dem Ende der letzten Eiszeit. Der damals wärmere Kontinent verstärkte den Monsun, der seinerseits wiederum reichlichere Niederschläge von den Meeren herbei brachte.

Neuere Klimamodelle gehen davon aus, dass eine erneute globale Erwärmung, wie sie noch auf uns zukommen könnte, die Wüste eher zurückdrängen könnte, als dass sie sich ausbreiten würde. Nicht nur Satellitenbilder bestätigen, dass die grüne Savanne von Süden her in die Sahara hinein auf dem

Vormarsch ist. Dieser Vormarsch wird allerdings durch die Übernutzung durch den Menschen gehemmt. Die Abholzung des neuen Grüns für Brennholz oder für die Gewinnung von Ackerboden fördert die Bodenerosion, was den neuen fruchtbaren Humus von den stärkeren Monsunregen wieder wegschwemmen lässt.

Dass durch höhere Temperaturen die Sahara wieder grün werden könnte ist nicht neu, wird jedoch kaum beachtet. Als gäbe es diese Erkenntnisse nicht, wird behauptet, dass die Industriestaaten durch ihre Kohlendioxid-Emission den armen Afrikanern auch noch die letzten Lebensgrundlagen rauben. Da scheint es nur gerecht zu sein, dass wir Europäer alle Afrikaner aufnehmen müssen, um ihnen ein angenehmeres und sorgloses Leben zu bieten. So lautet jedenfalls die Botschaft der ewigen Gutmenschen.

Niemand weiß, ob es in nächster Zeit auch wirklich so kommen wird wie es nach der Eiszeit schon einmal war, da die globale Erwärmung in den letzten Jahren mehr oder weniger abgenommen hat. Ein Jahrhundertregen im Jahr 1988, der im sonst sehr trockenen Sudan niederging könnte ein Hinweis auf solch eine Veränderung sein. Wenn schon Klimawandel, bei dem sich angeblich alles ändern soll, warum sollte sich denn nicht auch der Monsunregen in Afrika verändern?

Schadet eine Erwärmung des Klimas wirklich der Natur oder der Umwelt? In der Vergangenheit war es schon öfters wärmer als heute, allerdings sind aus diesen Warmzeiten keine besonderen Katastrophen bekannt, die auf diese Erwärmungen zurückzuführen wären.

Umweltschutz ist wichtig, nicht nur der „Klimagase" wegen. Hätten wir, und da ist nicht nur Deutschland angesprochen, wie bis in die 1970er Jahre mit der Vergiftung unserer Umwelt so weitergemacht, gäbe es kein Leben mehr in unseren Flüssen und weite Teile unseres Ackerlandes und der Felder könnten nicht mehr genutzt werden. Das wurde damals gerade noch rechtzeitig richtig erkannt, doch leider wurde gleich wieder maßlos übertrieben und wir stehen uns oft bei einer weiteren Entwicklung und dem Fortschritt selbst im Wege.

Sollte es, was heutzutage ebenfalls immer mehr angezweifelt wird, einen Schöpfer von Himmel und Erde geben, so hat dieser unsere Welt in ganzen ihrer Vielfalt, mit all ihren Stärken und Schwächen, so erschaffen. Auch das, was uns nicht so richtig in den Kram passt und wir nicht immer begreifen können, kommt dort her und hat seinen Sinn. Er, wer nicht daran glauben will, kann auch sagen die Natur, hat alles wohl bedacht und wird diese auch weiterhin nach seinem/ihrem Belieben erhalten, ob uns die Richtung passt oder auch nicht. Auf jeden Fall wird unser Schöpfer die von ihm geschaffene Welt nicht von uns kleinen Menschen zerstören lassen. Wer dies erkennt und begreift, wird die Welt vielleicht mit anderen Augen sehen. Hätten wir, und vor Allem unsere Jugend, mal wieder etwas mehr Gottvertrauen, bräuchten wir uns weniger Sorgen um unsere Erde mit ihrem Klima, sowie der Umwelt zu machen, denn wie steht seit Urzeiten in der Bibel: „Solange die Erde steht soll nicht aufhören, Saat und Ernte, Frost und Hitze, Sommer und Winter, Tag und Nacht". 1.Mose Vers 8.

Weitere Bücher von Karl Gaiser:

„Das Obere Murgtal im Wandel der Zeiten"

erschienen 2010 im Selbstverlag
erhältlich beim Autor oder im Buchhandel Baiersbronn

„Einmal kurz die Welt retten"

erschienen 4-2013, Verlagshaus Schlosser, 86316 Friedberg
erhältlich im Buchhandel oder beim Autor
ISBN: 978-3-86937-414-7

„Nationalpark Schwarzwald"

erschienen 2014 Rediroma Verlag, 42857 Remscheid
erhältlich im Buchhandel oder beim Autor
ISBN: 978-3-86870-618-5

Karl Gaiser
**Das Obere Murgtal im
Wandel der Zeiten**
Selbstverlag

befasst sich mit der Besiedelung des Nördlichen Schwarzwaldes, hauptsächlich mit der Geschichte Baiersbronns und seines Teilortes Obertal-Buhlbach. Aber auch die Entstehung von Freudenstadt und Kniebis wurde hier beschrieben, ebenso die Klöster in der Umgebung und die Hotels an der Schwarzwaldhochstraße, wie auch Dornstetten, der Verwaltungssitz des ehemaligen Königsforstes. Wann genau der Mensch in den Schwarzwald kam, ist ungewiss. Anhand alter Aufzeichnungen versucht der Autor, hier etwas Licht in die Dunkelheit zu bringen. Frühere Behauptungen, dass die Mönche die ersten Spuren hier hinterließen konnten widerlegt werden, denn der Mensch fand schon viel früher in diesem dunklen Wald ein Zuhause. Auch die Ruine Tannenfels ist älter, als bisher angenommen. Das Leben der Menschen im Schwarzwald war schon immer von Armut geprägt. Sie lebten vom Wald und Viehzucht. Auch Glashütten und Hüttenwerk konnten diese Armut nicht lindern. Mit der Landesregierung gab es nicht erst mit dem Nationalpark Probleme. Bereits 1849 zogen die Baiersbronner schon einmal nach Stuttgart, um gegen die damaligen Zustände zu demonstrieren.

100

Karl Gaiser
Einmal kurz die Welt retten
ISBN: 978-3-86937-414-7

befasst sich mit Ansichten und Behauptungen angeblicher Experten zum Klimawandel und zur raschen Umsetzung der Energiewende. Diese sollte allzu schnell und planlos umgesetzt werden, ohne an die Kosten zu denken. Heute haben wir die Folgen zu tragen. Deutschland hat europaweit mit die höchsten Stromkosten. Wind- und Sonnenenergie sollen genutzt werden, aber an die dazugehörige Infrastruktur wurde nicht gedacht. Die sichersten Atomkraftwerke der Welt wurden stillgelegt, während in anderen Ländern zig uralte Meiler noch lange laufen werden. Apokalyptische Weltuntergangs- szenarien werden vom Autor nicht nur kritisch hinterfragt, sondern auch widerlegt. Er will hier nachweisen, dass wissenschaftliche Prophezeiungen so niemals eintreten können und werden. Auch die Auffassung vieler Fanatiker zur Zerstörung von Natur und Umwelt, zu Naturschutz, Bioanbau, Immigration und Politik kann der Autor nicht teilen und widerspricht diesen ausdrücklich. Auch auf die Sinnlosigkeit eines Nationalparks wird hier schon einmal eingegangen. Der Mensch alleine kann die Erde niemals zerstören, denn unbedeutend ist seine Rolle im Universum.

Karl Gaiser
Nationalpark Schwarzwald
ISBN: 978-3-86870-618-5

Ein Nationalpark im Schwarzwald war für NABU, BUND und Greenpeace lange Zeit ein unerreichbares Naturschutzziel gewesen. Nachdem nun die grün-rote Koalition bei der Landtagswahl 2011 eine Mehrheit im Landtag erhalten hatte war dieses Ziel in unmittelbare Nähe gerückt. Doch die Bevölkerung vor Ort war zwar dem Naturschutz aufgeschlossen, sah aber in der Errichtung eines Nationalparks mehr Nachteile als Vorteile. Durch Borkenkäferbefall geschwächte, abgestorbene Wälder wurden befürchtet, ebenso Einschränkungen bei der Nutzung des Waldes. Man hatte Angst vor einem Rückgang der Gästezahlen. Befürworter sahen dies natürlich anders und glaubten nur an Vorteile und sprudelnde Geldquellen. Lange und teilweise harte Diskussionen waren die Folge. Obwohl bei einer Bürgerbefragung über 75% der Bevölkerung in der betroffenen Region gegen den Nationalpark waren, setzte die Landesregierung ihr prestigeträchtiges Vorhaben dann am Ende doch rücksichtslos durch.